U0102128

科雯 著

俏妈咪"速"形计

——4 期产后纤体瑜伽

广西科学技术出版社

图书在版编目（CIP）数据

俏妈咪"速"形计——4期产后纤体瑜伽 / 科雯著. 一南宁：广西科学技术出版社，2008.8
ISBN 978-7-80763-064-7

Ⅰ. 俏… Ⅱ. 科… Ⅲ. 瑜伽术－基本知识 Ⅳ. R214

中国版本图书馆CIP数据核字（2008）第082139号

QIAO MAMI SUXINGJI——4 QI CHANHOU XIANTI YUJIA

俏妈咪"速"形计——4期产后纤体瑜伽

作　　者：科雯	装帧设计：北京水长流文化发展有限公司	
策　　划：孟辰 蒋伟	责任编辑：孟辰 蒋伟	
封面设计：卜翠红	责任校对：曾高兴	
责任审读：梁式明	责任印制：韦文印	

出版人：何醒　　　　　　　　　　　出版发行：广西科学技术出版社
社　　址：广西南宁市东葛路66号　　邮政编码：530022
电　　话：010-85893724（北京）　　0771-5845660（南宁）
传　　真：010-85894367（北京）　　0771-5878485（南宁）
网　　址：http://www.gxkjs.com　　在线阅读：http://book.51fxb.com

经　　销：全国各地新华书店
印　　刷：中国农业出版社印刷厂
地　　址：北京市通州区北苑南路16号　　邮政编码：101149
开　　本：880mm×1230mm　　1/24
字　　数：120千字　　　　　　　　　印　张：4.5
版　　次：2008年8月第1版
印　　次：2008年8月第1次印刷
书　　号：ISBN 978-7-80763-064-7 / R·19
定　　价：28.00元

版权所有　侵权必究
　　质量服务承诺：如发现缺页、错页、倒装等印装质量问题，可直接向本社调换。
　　服务电话：010-85893724 85893722

女人因自身而美丽，
爱就像传递的火炬，
传递你们的真实感受和收获，
让我们一起传递无形的爱，
共享难忘瑜伽生活。

《瑜伽杂志》/赵磊摄影

CONTENTS

目录

007 写给所有美丽的新妈妈——让美丽长驻的神奇瑜伽

008 我眼中的科雯

Chapter 1 恢复篇 010

011 Charming Woman 产后女人更有魅力

012 恢复篇 元气恢复瑜伽7式——放松身体，恢复体力，缓解身体紧张和劳累

018 瑜伽课堂 做静心的妈妈

019 恢复篇 子宫恢复瑜伽7式——帮助子宫回位，全面保养子宫

023 Charming Woman 子宫，女人的第一个家

024 恢复篇 盆底肌恢复瑜伽8式——收紧盆底肌，告别尿失禁

029 恢复篇 骨盆恢复瑜伽8式——摆正骨盆，平衡身体；融合内外，重塑体形

Chapter 2 和谐篇 035

036 Charming Woman 身、心、灵的和谐让女人更美丽

037 和谐篇 “与自己和”和谐瑜伽5式——烦躁情绪不再来，做个和谐好女人

041 瑜伽课堂 幸福的妈妈——从呼吸开始

043 和谐篇 “与身体和”平衡瑜伽6式——在与身体的平和中，修炼自我

047 瑜伽课堂 产后按摩好处多

048 和谐篇 “身心合一”站立瑜伽8式——平和身心，塑造线条；释放心情，处世优雅

053 瑜伽课堂 美妈妈的美容护理

056 和谐篇 “与先生和”爱侣的治疗体式——心更近了，爱更浓了

057 ○ 爱的体验　让我们的爱意重新起航

Chapter 3　雕塑篇　058

059 ○ Charming Woman　快和"鲜活"脂肪说拜拜
060 ○ 雕 塑 篇　腹部减脂瑜伽8式
　　　　　　　——消除腰部两侧赘肉，收紧中段肌肉群，
　　　　　　　　塑造迷人腰部线条
067 ○ 雕 塑 篇　腰部减脂瑜伽8式
　　　　　　　——伸展两侧腰腹，再现迷人风采
071 ○ 瑜伽课堂　减肥，掌握好你的身体周期
073 ○ 雕 塑 篇　背臀减脂瑜伽6式
　　　　　　　——重塑背臀，展现曲线
078 ○ 雕 塑 篇　经典减肥"拜日式"
080 ○ 瑜伽课堂　淡化妊娠纹
081 ○ 瑜伽课堂　美丽能量的精油配方

Chapter 4　美丽篇　083

084 ○ Charming Woman　做个完美好女人
086 ○ 美 丽 篇　完美的修长体式瑜伽8式
　　　　　　　——优美的曲线，从修长身姿开始
090 ○ 瑜伽课堂　快乐情绪我做主
092 ○ 美 丽 篇　妈咪美丽随身瑜伽4式
　　　　　　　——忙里偷闲，随时运动；优雅气质，随身展现
095 ○ 瑜伽课堂　做个"睡美人"
098 ○ 美 丽 篇　消除腰痛瑜伽4式
　　　　　　　——告别腰痛，轻松做个美女人
101 ○ 瑜伽课堂　远离抑郁症，做个快乐好妈咪
103 ○ 瑜伽课堂　快乐靠自己，学会自助快乐好方法
104 ○ 结 束 语

CONTENTS

一直以来，经常有会员问我："科老师你是怎样保持体形，保持活力的？"我说："很容易，天天练瑜伽。"25年了，我的体重一直保持在53千克左右。1996年3月我生了儿子博文，体重重了10多千克。我从产后第三天开始做床上瑜伽，每天坚持40分钟，儿子满月后我的体重减了5千克，60天后恢复到55千克。要问有什么秘诀，那就是因为我了解"鲜活"的脂肪是比较容易减下来的，脂肪在身体停留的时间越长越难减。你要付出更多的时间和精力来消除这些顽固的赘肉。在古老的瑜伽典籍中并没有注明产后瑜伽体式的内容，但随着瑜伽的普及和深入，瑜伽已成为一种时尚并有效的健身方法，被全世界的人们认可、接纳。瑜伽训练方式有很多，不同的需求可以练习不同的瑜伽体式。产后瑜伽是一门新的训练体式，它和普通的训练不同，要求更精细、更准确，充分照顾新妈妈们的感受。更要分阶段训练，不同的阶段训练不同的内容。了解好了自己的身体状况，掌握好了练习的要领和技巧再开始练。

写给所有美丽的新妈妈

——让美丽长驻的神奇瑜伽

　　本书共分四个阶段，适合产后第3天至第500天的新妈妈使用。产后妈妈们无论现在处于哪个阶段，都能从书中找到适合自己的训练体式。在编写这本书的过程中，我再一次体验每一个动作的刺激点和要领，我又一次经历了我曾经经历过的四个阶段：恢复期、和谐期、雕塑期、美丽期。每个阶段都是身体和心灵的一个成长过程。相信练习专门为产后妈妈们设计的瑜伽，你会获得一份来自内心的喜悦和收获。从最容易的体式做起，不给自己逃避训练的理由。现在展现在大家面前的训练内容，都是我亲身体验过的并经过我场馆中众多美丽新妈妈实践过的训练计划。

　　女人能量被认为是生产孕育新生命等所有行为的推动力量，女性不仅因自身的美丽而存在，更由于我们所被赋予的繁衍人类的使命而被千古歌颂。以瑜伽的方式爱自己，更是每一个初为人母的女性必修的课程，做个好妈妈，做个美妈妈，做个好妻子，做个美妻子，是我们一生的追求，让美丽的瑜伽陪伴我们一起成长吧。

　　献给已为人母的美丽妈妈们！

2008.6.6

我眼中的科雯

初识科雯是在我的诊室，当时她刚怀孕。高挑匀称的身材，优雅的举止，一举一动都透露着受过专业训练的痕迹，再加上开朗活泼的性格，诊室里不时传出她爽朗的笑声，给我的印象非常深刻。

整个孕期她都在我的门诊保健，每次复诊，除了腹部日见隆起，身体的其他方面没有明显的变化，我总是笑她的肚子像个"皮薄馅大"的饺子，里面很有"内容"。随着逐渐熟悉，我们成了朋友，我知道了既往科雯的专业是舞蹈，一直从事瑜伽教学工作，在圈内很有名气。早、中孕期还一直坚持给学员上课，只是到了晚孕期才停止教学，但每天自己还坚持锻炼一小时左右。我感叹怪不得她孕期进展得如此顺利，一点都没有"挂相"。

临近分娩，她的心态一直非常平和。分娩时非常配合医护的处置，产程也很顺利，当她第一次抱起她的宝贝儿子冲着我"骄傲"地"示威"时（当时我尚无孩子），已经一点也不像产后身体虚弱的新手妈妈了。产后第42天复查时，她已俨然恢复得如一窈窕淑女，一点也看不出是正处在哺乳期中的妇女。

以后随着各自的忙碌，我们很少见面，偶尔会通个电话问候一下，聊聊各自的孩子。去年年底我再见她时，虽然岁月已轮回一周，见面时我还是很惊讶，感叹上天的不公，为什么岁月在她脸上、身体上未留下什么痕迹，她还是那么年轻、漂亮，身材一点也未"走样"。12年过去了，我还是一名普通医生，可她已是一个有着无数头衔的成功人士，真是自叹不如。可一开始聊天，我们又都仿佛回到了从前，科雯还是那个不时发出爽朗笑声的科雯。通过聊天我知道她现在正在从事瑜伽培训，我立刻想到了是否能有适合孕妇及产后妇女训练的瑜伽课程，这样既能辅助孕妇顺利度过怀孕期、分娩期以及产褥期，又使她们能减少妊娠并发症的出现，并能帮助她们在产后尽快恢复既往的优美体形。果然我的想法与科雯不谋而合，科雯也有如此想法，她也想编一套适合新妈妈的瑜伽课程，并出一本书。可喜的是这本书很快就要和大家见面了，希望能给各位新手妈妈们一些有益的启示，使她们真正受益。

北京大学第一医院妇产科副主任医师

毕蕙

2008-06-12 匆匆

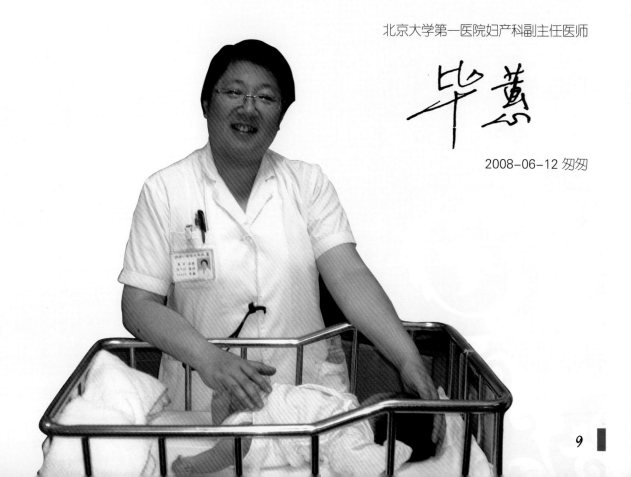

Chapter 1

恢复篇

岁月，让女人更美丽，
用心经营自己，我从不敢急慢；
人生的美丽是修炼而来，人生的快乐与健康相伴，
可以休闲献艺厨房，
也可以端庄出席晚宴。
优雅、温柔、妩媚是女人的天性，
激情释放是现代人的浪漫，
喜欢平静生活，喜欢股市涨跌，
喜欢肌肤细滑，更喜欢田园，
可以抱着《易经》探求哲学；
也可以捧着杂志追逐时尚，
时间在交替，空间在转移，
我的内心，永远微笑。
瑜伽陪伴着我走过生活的每一天，
让我获得满足和愉悦。
人生是美丽的，女人是美丽的，瑜伽是美丽的。

Charming Woman

产后女人更有魅力

腹中的宝宝在一天天长大，自己的身材却在一天天变得臃肿，直到宝宝平安落地那一天，新妈妈们好像完全忘了自己，看着怀中的宝宝，内心充满了喜悦和满足。其实，此时的你，身材、气质、心理都发生着细微却美妙的变化，越来越有魅力！

魅力一：内在"分泌"出的女人味

生育宝宝也是内分泌功能自我调理的一个过程，很多女性生育后会散发出特有的女人韵味，温柔、平和，眼睛里更清纯，少了浮躁，多了温情，这都是产后体内激素得到了良好的平衡的结果。产后也是美妈妈们改善体质和体形最佳的时机之一，内分泌的改变，也让你有机会摆脱以前偏胖的体型和一些病症。

魅力二：哺育宝宝胸部更UP UP

给宝宝喂奶会让胸部变小吗？答案是否定的。产后哺乳宝宝能有效安慰乳腺组织，梳理乳腺管道，帮助修复乳腺功效，防止乳腺增生。坚持母乳喂养的妈妈乳房会更加浑圆而丰满，富有风情，体现成熟女性特有的曲线。

魅力三："造人"成就感

幸福的美妈妈们，从一个人到两个人最后到三个人的幸福之家，角色转变让我们内心更充足、更踏实，每个角色的成功转换，都会让你获得一种成就感，美丽魅力不会因角色转换、年龄增加而褪色。

元气恢复
瑜伽7式

- 放松颈肩式
- 抬头式
- 提肩式
- 含胸式
- 开胸式
- 含背式
- 沉肩式

放松身体，恢复体力，
缓解身体紧张和劳累

新妈咪注意点 >>

　　一个小生命的诞生一定让美丽的新妈妈们兴奋得不得了，但新妈妈们也常会出现精力不足的现象，整个人感到相当虚弱，浑身一点力气也没有，免疫力在这个时候也降到了最低点，非常容易生病。所以对每位新妈妈而言，刚刚生产完毕的15天里，休养生息、恢复元气，可是再重要不过了。这个时候在床上做一做收紧和颈肩运动，不仅可以解决产后气力不足的困扰，更是能在第一时间就参与到健康瘦身的队伍里来。

令人期待的效果公开 >>

- 恢复肩、背、胸部元气。
- 缓解身体紧张和劳累。
- 有效活动颈部和肩部肌肉，收紧产后松弛的腰腹。

让你更舒适的用具使用 >>

　　两条柔软的毛巾，一个放在颈部，一个放在腰部，可以避免腰腹和颈部肌肉的扭伤和运动中的刺激。

1.放松颈肩式

①平躺在床上，屈膝，放松肩、背、颈部，脊椎尽量贴在床上，上半身处于放松状态，不要有一丝丝的收紧感，越松弛越好。
②头部向左转动，停留5秒，保持自然呼吸。
③头部回正，反方向转向右方，重复2~3次。每个方向需要多停留一会儿。

> **小叮咛**：做头部练习可以放松颈部肌肉，您也可以闭上眼睛，联想整个动作的过程，动作一定要缓慢不能过快。

全身放松 ---> <--- 不要耸肩

2.抬头式

①双手重叠，放于自己的下腹处。
②吸气，收紧会阴，抬头看腹部，保持均匀呼吸，坚持5~8秒。
③呼气，放松头部，落于床上。

> **小叮咛**：注意抬头时不要屏住呼吸，呼吸一定要保持流畅。

看腹部 --->

收紧会阴

3.提肩式

①手臂向上抬起与床面垂直，用手臂的力量带动双肩向上。
②让肩膀离开床面，在上多停一会儿。
③缓慢回到起点，重复4~8次，每次上为吸气、下为呼气。

> **小叮咛**：当肩膀上提再落下，双肩会感觉到很舒服，这个简易动作帮助您恢复肩部、胸部的元气。

头部贴地 --->

4. 含胸式

①仰卧躺好，双手交叉抱住双肩，含胸，感觉肩膀向内收。

②吸气，抬起头部保持呼吸顺畅，坚持5~8秒。

③呼气，头部落下，上身完全放松。

小叮咛：抬头含胸时，保持自然呼吸，不能闭气。

保持自然呼吸

吸

呼

⑤

5. 开胸式

①身体采用仰卧的姿势，将双腿弯曲并拢，吸气，起上身立直，双手于尾椎处交叉握拳。

②首先要把手臂伸直，肩胛骨再向内收，最后把手腕尽量并拢，眼睛目视前方，保持均匀呼吸，停留5~10秒。

③呼气，放松肩膀，打开手臂。

⑥

6. 含背式

①双腿并拢坐好，背部完全放松，额头沉下去落于膝盖上。吸气，手臂向前向上抬起，尽量与床面平行。

②双手交叉握拳，可以闭上眼睛，感觉自己的背部一直在向后推，保持呼吸通畅。

③呼气，手臂放松落下，背部放松，抬头向前看。

背部后推

7.沉肩式

①上身立直，展开胸部，肩膀向下沉，双手放在身体的两侧，指尖向外保持均匀呼吸，眼睛尽量看向远方。
②呼气，含胸放松，吸气，再次背部立直，胸椎向前推，展开肩部下沉，保持10～15秒。

小叮咛：再次放松时，每一次动作都要比上一次更舒展。

⑦-1

⑦-2

肩部下沉

困扰解决1 *Problem Solving*

失去体力

　　生下宝宝后的一段时间里，整个人就像虚脱了一样，你可能发现就连上楼都变得不像以前那么轻松了，不过这是非常正常的，怀孕和生产过程对身体元气的损耗、照顾宝宝积累的疲劳感以及固定习惯的改变等，都会使我们的体能产生变化，造成我们的体力大不如前。

　　这时的美妈妈们，要从恢复元气开始，不用心急，在慢慢地调理中，让身体一点点回到原来的状态。这一组7个动作幅度很小，却能有效地活动颈、肩、腹、腰，帮助你做个元气满满的妈妈。

随着可爱宝宝的降生，美妈妈们完成了一个伟大的使命，同时进入了一个重要关头——"产褥期"，俗称"月子"。这个时间大概会持续42~60天。月子坐得好不好，对能不能恢复漂亮的形体和元气来说至关重要。美妈妈在产褥期要休养好身体，博文刚刚出生那一段，我每天都要美美地睡上10个小时呢！睡觉时最好采取侧卧的睡姿，最利于子宫恢复。

这一章的瑜伽体式是要为以后迅速地瘦身打基础的。"恢复篇"的体式帮助新妈妈们逐渐恢复身体系统的正常运转状态。元气恢复篇会减轻妈妈们前期身体体重变化带来的压力，缓解我们的疲劳；简单床上体式还会加强肚子上肌肉的收缩力，让我们生产后松松的小肚子得到及时改善；还能排出恶露，收缩子宫，加强膀胱的收缩力，为早日恢复好身材打下基础。

"宝宝诞生后的第5天或第15天就可以开始练习瑜伽，每次只需要练习10分钟。每天练2~3次。一定选择你精力最好时练习，做动作时要在床上或沙发上，千万不能在地面上进行。训练的体式和难易度也要完全根据自己的身体状况挑选，也可以按照书中的排列顺序练习每组动作，最好练习5天后再换新的体式，不同的体式有不同的作用和功效，不要急于练有难度的动作，给自己一个过渡期，瑜伽的功效是慢慢体会到的。

美丽小法宝

应对体虚的药膳调理法

当归生地烧羊肉

原料： 羊肉500g，当归15g，生地15g，干姜10g；酱油25g，葱10g，姜3g，蒜3g，盐、味精、料酒、植物油适量。

做法： 将当归、生地、干姜切片，合并水煮后加少量料酒，去渣浓缩至25ml。羊肉切块，放入锅中炒至金黄，加入清水并放进其他调料及当归等混合浓缩汁，煨到肉烂即可食用。

*1.*这个时期的妈妈们由于前一段精力消耗过大，很容易感到疲惫。一定要尽量保持放松的情绪，不要产生紧张感。注意休息，以恢复妊娠和分娩时对体力的消耗，恢复元气。妈妈们还要注意及早下地，但不能从事繁重的体力劳动，以免发生子宫脱垂。

*2.*饮食调理极为重要，多进食含高蛋白质的营养食物和多食用新鲜蔬菜，身体虚弱者还可以配搭食用一些药膳。

*3.*产褥期个人卫生很重要，勤换衣服，保证身体清洁卫生，防止感染疾病。室内空气要保持清新，通风及一定的日晒都是要注意的事项，室内温度保持在26℃～28℃为宜。

妈妈宝宝育儿经　给宝宝洗个正确的澡

妈妈们给宝宝洗澡时，最怕的就是宝宝呛水或者泡沫进到宝宝眼睛里，如何给宝宝洗个正确的澡呢？

为了防止宝宝从大人手里脱落呛水，可以将宝宝包在浴巾里然后再放到浴盆中。用拇指和中指把住宝宝的头，这样宝宝的头就不会进入水中。再有很重要的一点就是，给宝宝洗澡的水不要太热，以防烫到宝宝，水的温度维持在38℃左右就好。

宝宝的洗澡用具要保证清洁，最好不使用海绵等容易藏污纳垢的材料，而且注意晾晒。如果宝宝今天的进食不太好，最好不要给他洗澡，夏天洗澡后还要给宝宝补充水分，果汁等饮料是最好的。

瑜伽课堂

初为人母有快乐，有压力，有痛苦，孩子的到来打乱了两人世界的生活。责任多了，自己的空间小了，生活一下子变得纷乱起来，心情也变得乱糟糟的，这时候你需要自我的调节，而瑜伽静心的体式，可以帮助你找到这种元素。

瑜伽的静态平衡有两种：体外平衡和体内平衡。静态平衡又是一种能量的提高，训练分二种，一种是外在力量协调训练，一种是内在相互协调训练。看起来简简单单的静态姿势，实际上是一种全身参与的动态过程，是看得见或看不见的两种平衡结合的协调过程。每次练习一定要做到心无杂念，万虑皆空，在紧张中学会放松。当心绪慢慢平静下来了，和谐幸福的生活会在不经意间重新回到你的身边。

将静态的平衡训练感受延续到日常生活中，你会发现心静了，爱多了，情绪好多了。简单的体式练习会让你获得身体以外的收获，坚持练吧，收获是你的。

子宫恢复
瑜伽7式

- 内收式
- 上推式
- 板凳式
- 双勾式
- 侧身收紧式
- 双膝内收式
- 手臂上升式

帮助子宫回位，
全面保养子宫

新妈咪注意点 》》

通过元气的恢复，我们进入了重要的子宫练习阶段，子宫恢复的效果直接影响到我们的幸福指数和夫妻和睦度。每天拿出10~20分钟时间，进行一下子宫的恢复练习对您的身体很有帮助。从简单的收紧开始，逐步地进入体式练习。简单、平淡、用心、坚持是这个阶段的任务。在整个的训练过程中要把注意力集中在子宫的"内收"上来，"内收"并不意味着过分挤压，而是要内收、内夹。感到没有困难的动作可以多做几次，如果感到有困难，千万不要勉强自己硬去完成动作。

令人期待的效果公开 》》

· 收紧会阴肌肉，帮助产后松弛的产道恢复。

· 协调腰腹，增强肌肉力量。

· 在收紧下腹部的同时，收紧臀部肌肉，塑造结实有力的臀部肌肉。

· 有效地刺激到腰腹和脐轮的经络，促进子宫周围部位的血液循环。

1.内收式

①上身舒适地躺在床上，微微屈膝，双手重叠放在腹部上，专注力放在腹部上。

②吸气，收紧腹部和会阴处肌肉，呼气放松。

颈部放松

2.上推式

①上身平躺在床上，专注力放在会阴、肛门处。

②慢慢抬起臀部、胯部，保持收紧上抬（抬起15°即可），在空中停留10～15秒，下巴内收，保持均匀呼吸。

③缓慢地落于床面上，呼出胸部气息，肩膀放松贴于床面。

③-1

3.板凳式

①双手扶在身体两侧，撑起上身，手臂伸直，肩膀下沉，然后胯部、臀部向上推，尽量做到胯部与床面平行。

②收紧臀部、腹部和会阴，眼睛向膝盖的方向看出去，在空中停留15秒。

③保持自然呼吸，感觉手臂累了再往下落。

③-2

小叮咛：每次练习有吸紧感和伸展感，重复练习3～6次。

4.双勾式

①仰卧，缓慢将手臂沿床面举向头顶，手心朝上。
②慢慢将脚趾上勾，手指上勾，腰背尽量下沉，保持这个动作大约10秒钟。

腰部贴地

5.侧身收紧式

①身体向左侧躺，左手扶头，右手扶于身体前侧。
②收紧下半身肌肉，让腿部离开床面，双腿伸直，眼睛向脚趾看去，保持15秒。
③均匀地呼吸，转动脚腕向回勾，吐气，放松落下双腿，反方向重复一次。

小叮咛：这个体式有助于放松您的腹部，舒缓脊椎，增加它的柔软度。

美丽
小法宝

恶露不尽，食疗帮忙

山楂红糖饮

原料：新鲜山楂30g，红糖30g。

做法：先将山楂洗净，然后切成薄片，晾干备用；在锅里加入适量清水，放在火上，用旺火将山楂煮至烂熟；再加入红糖稍微煮一下，出锅后即可给产妇食用，每天最好食用2次。

营养功效：山楂不仅能够帮助产妇增进食欲，促进消化，还可以散淤血，加之红糖补血益血的功效，可以促进恶露不尽的产妇尽快化淤，排尽恶露。

6.双膝内收式

①身体平躺，双手扶于身体两侧。
②屈膝收回双腿，膝盖去找胸部。
③反复练习4~8次，最后双腿向前伸直放松。

扶臀，增加支撑

7.手臂上升式

①双腿并拢，双腿跪于床上，上身立直，手臂向上尽量伸展。
②打开腋下，展胸肩，保持5~10秒。
③手臂落下，每次练习5~8次为宜。

**Dr.毕的
专业法宝**

促进子宫收缩，减少产后出血

　　正常分娩出血量一般不多，通常不超过300ml，如果美妈妈们生产时出现宫缩乏力，则出血量往往增多，影响产后恢复。所以分娩后应鼓励产妇及早进食、及早排尿、及早下地适量活动，并鼓励产妇及早哺乳，这样也可促进子宫收缩，达到良好的恢复效果。

Charming Woman

子宫，女人的第一个家

子宫是我们第一个温暖舒适的"家"，它诠释了成熟女人特殊的功能与魅力，产后的美丽妈妈们可要特别优待它、保养它。子宫就像一个小小的房子，平时容积大约只有4~7mL，宝宝出生时的容积可以扩大到原来的1000倍，因此，要做一个完美的妈妈，我们可是随时都要对"房子"进行好好地保养。

保养子宫的第一步就是要做一下子宫恢复体式，通过简单的体式让子宫复原，加快体内激素的分泌。第二要按摩宫颈。把手掌搓热，用手掌从下往上推至上腹，用热手掌和指尖按摩大腿内侧，由内向斜上方推，用手心的热度贴在下腹处，用气息下沉。如果有条件最好用复方瑜伽"卵巢"精油配合按摩，效果较好。第三要合理安排好三餐的营养，多进食富含蛋白质、脂肪、碳水化合物、维生素与矿物质元素的食品。第四要保证充足的睡眠，睡眠中体内分泌的生长激素是最多的。生长激素可是我们快速恢复身体必不可缺的哦。

盆底肌恢复
瑜伽8式

- 收紧式
- 小桥式
- 抬膝式
- 双腿上升勾绷式
- 空中交叉式
- "一"字展胸式
- 平躺收紧式
- 炮弹式

收紧盆底肌，
告别尿失禁

新妈咪注意点 >>

什么是"盆底肌"

骨盆底由一组肌肉群构成，这一组肌肉被称为盆底肌，这一组肌肉使膀胱、子宫以及其他器官保持正常的运行。如果这些肌肉由于缺乏锻炼或生产时过度用力而变得松弛，就极有可能使妈妈们出现尿漏，性生活也将不像以前那样完美了。

为什么"盆底肌"松弛

长时间的分娩过程，让我们的骨盆受到压迫，产生扩张，肌肉和筋膜都会过度伸展，弹性降低，甚至还有些妈妈们的肌肉纤维都会断裂，自然肌肉就会松弛。通过一些简单的瑜伽体式练习，有助于这个区域的组织张力在短时间内迅速恢复!

令人期待的效果公开 >>

- 收肛提臀，刺激会阴部肌肉。
- 收缩生产时过度抻拉的盆底肌肉，促进它的弹性及韧度的恢复。
- 改善产后尿失禁的状态，让你拥有更完美的夫妻生活。

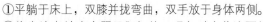

1.收紧式

①平躺于床上，双膝并拢弯曲，双手放于身体两侧。
②将专注点放在会阴及肛门处，吸气时内收这两处的肌肉，同时脚跟抬起。
③呼气放松，脚跟落下。

> 小叮咛：身体其他地方保持自然放松，腰部紧贴在床上不要上提，每次做8~10次。

2.小桥式

①平躺于床上，双手放在身体两侧，双膝并拢收回。
②双手放在腰的两侧自然支撑，双脚贴地，双手缓慢将身体推离床面，保持这个姿态10秒即可。
③慢慢沿肩部→腰部→臀部的顺序将身体回原，做胸式的自然呼吸。

> 小叮咛：收回时一定保持上面说的顺序，每次做3~4次即可。

3.抬膝式

①平躺在床上，双手自然放于身体两侧，缓慢抬起双腿，小腿与床面平行。
②屈膝下落，伸直膝部，让双腿与床面保持一定距离。训练力度自己掌握，千万不能过猛，每次做4~8次。

> 小叮咛：1.双膝并拢不要分开，无论是起还是落都保持夹紧为宜。
> 2.颈部、肩部不要用力，发力点来源于腹部。

并拢

④-1

①平躺于床面，腿部向上抬起，垂直于床面，双手扶于尾骨处。

④-2

②吸气，脚尖先勾回，然后再向上伸直，重复5~10次为宜。

5.空中交叉式

⑤-1

①双腿上举与床面垂直，在空中呈交叉状。

⑤-2

②双腿在空中左右换边交叉，绷脚尖、勾脚尖均可，腰部、背部贴在床面上，交叉幅度不能过大，适中为好，每次交叉6次后停一会儿，再继续做1~3组。

6-1

6. "一"字展胸式

①双手打开，手掌贴于床面于体后扶地，指尖朝向身体的方向，下半身坐好贴于床面，绷好脚尖。
②双手撑起上半身，脚尖尽量点地，慢慢抬起骨盆，收紧臀部。
③完全展开胸肩，眼睛朝腿部看出，保持体位的平稳。

6-2

绷脚尖

7.平躺收紧式

7

①伸直双腿、脚面，感觉到脚尖向远方的延伸，双手手臂向上，于头顶处相合。伸展你所能伸展的所有部位。
②吸气，腰部、背部、脚跟与双手贴地，其余部位微微上抬。
③全身肌肉有酸胀感觉后吐气放松一下，重复做3~6次。

放松肩颈

8.炮弹式

①身体平躺，屈膝收回小腿，膝盖尽量贴近胸部。
②双手交叉抱住小腿，吸气起上身，鼻尖去找膝盖，保持自然呼吸10秒左右。

训练小TIPS

　　盆底肌恢复体式在产后12~16天就可以开始。妈妈们要根据自己的体力安排训练时间，一般以每次15分钟为宜，每天训练2~3次，练习最好在床上或沙发上进行。

　　训练中可能出汗，等训练完后用干毛巾擦干，不要用湿毛巾擦。训练体式最好按安排好的顺序练，不急不躁，把简单的动作练到位，就能很快帮助我们恢复喽！

盆底组织的康复

Dr.毕的专业法宝

　　在分娩过程中，特别是经阴道手术助产或第二产程延长者，盆底肌、筋膜以及子宫韧带均过度伸展，张力降低，甚至出现撕裂。如果产后没有得到合理的修复和功能锻炼，以后会发生子宫脱垂和阴道前后壁膨出的现象。所以，产妇在产后应学会提肛运动，瑜伽练习在这方面会给产妇以帮助。

骨盆恢复瑜伽8式

摆正骨盆，平衡身体；

融合内外，重塑体形

- 半蹲前伸式
- 半立式
- 点地展胸式
- 单立抱腿式
- 重叠半蹲式
- 燕飞式
- 鸟王起飞式
- 吸腿式

新妈咪注意点 »

KILL下半身肥胖，从骨盆恢复开始

　　骨盆疼痛在孕妈妈和新手妈妈中非常普遍，50%的妈妈在孕期就会出现疼痛的症状。如果分娩时产程过长、胎儿过大，或者产时用力不当，姿势不正确以及腰骶部受寒，产后的骨盆疼痛会更加厉害，有些严重的会痛到整夜睡不着觉。长期骨盆疼痛造成的后果相当严重，还有可能造成子宫和卵巢的病变。而骨盆外扩，还会导致腿部脂肪的堆积，小腹微凸，大腿变粗，所以新手妈妈们要特别注意。

　　妇产科的专家们认为，产后立即进行骨盆矫正是最为理想的，因为这时问题可以在最短的时间内得到纠正，而如果时间拖得过长，则不利于骨盆的良好恢复。

令人期待的效果公开 »

- 端正骨盆，收紧下半身肌肉，告别臀部变胖的烦恼。
- 增强骨盆周围血液循环，提高骨盆承重力。
- 缓解骨盆疼痛，纠正骨盆歪斜和外扩现象。

1.半蹲前伸式

①双脚并拢，身体直立。
②双膝略弯曲，双手手臂前伸与地面保持平行，上
　身保持直立。

小叮咛：每次都要感到小腿肚都有伸展感。

Problem Solving
困扰解决2　　**臀部增大**

　　为什么总有人说生完孩子的女性体形好像都变了，特别是常常会有人说为什么生完孩子的女人好像臀部变大了，腰围也没有那么细了，其实这都是骨盆惹的祸！

　　骨盆是全身骨骼的中心，从怀孕到产后一直起着最重要的作用，骨盆是脊柱的地基，骨盆恢复得好，美丽的形体才能得以展现。如果骨盆歪斜，不仅形体难看，还会影响到身体其他部位的健康，造成头痛、腰痛、失眠、脂肪堆积，身材完全走样，身体疲劳、食欲不振也会接踵而来，让我们对生活、工作严重缺乏热情。

　　有人把骨盆变形的原因全都归结到生育头上，认为妊娠后期和生产时盆骨扩大，关节和韧带都会松弛，然后骨盆就歪斜了。这种说法很片面，产后放任身体不管，缺少运动，日常生活中的站、坐、行形体不正确，这才是真正的原因，身体走样肯定是每个美妈妈最不愿看到的事情，让我们一起来参加瑜伽训练吧！

　　这组站立动作通过站立收紧来帮助骨盆恢复，增强骨盆周围部位血液的循环，加强骨盆肌肉的收紧，提高骨盆的承受力。

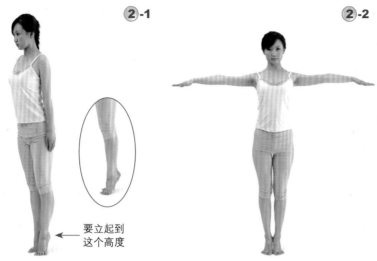

要立起到
这个高度

2.半立式

①身体立直，双腿并拢，抬起脚跟。
②手臂向前抬起与地面平行，再向两侧展开，不要耸肩，保持脚跟立起的状态10~15秒。
③脚跟落下，手臂放松下沉，每次做3~5次为宜。

收紧

脚跟抬起

3.点地展胸式

①双腿并拢，双手手臂向上抬起，于头顶处相合。左脚脚尖向前点地，收紧腿部肌肉，展开胸肩，眼睛向前方看。
②左腿回原，反方向右腿向前重复动作，保持自然呼吸。

4.单立抱腿式

①身体立直，弯曲左膝，让膝盖尽量贴近胸部。

②左手扶于左膝窝处，右手臂向上伸展，用大臂去贴耳朵，眼睛平视前方，保持5～10秒。

5.重叠半蹲式

①保持上一个体式（"单立抱腿式"）。

②弯曲右膝，左脚踩在右膝处，双手于胸前合掌，保持身体的平衡；之后伸直膝盖，落下左腿，手臂回原放于身体两侧。

③反方向，换另一条腿重复动作2～3次。

→ 有效拉伸

6.燕飞式

①在上一个体式的基础上，伸直右膝，左腿向后抬起，大腿与地面平行，小腿垂直于地面，脚尖向天花板方向延伸，双臂向外展开，眼睛平视前方，保持10秒再缓慢落下左腿。

②左、右腿交换做动作，每次做3～4组，感觉全身发热出汗为宜。

> 小叮咛：这以上三个体式连贯做效果非常好。

-1  -2

7.鸟王起飞式

①上半身保持直立，双手于背后合掌，左腿弯曲，缠绕在右腿上，左脚面尽量贴在右腿腿肚上，右膝微微弯曲下蹲。

②上半身向下沉，双手保持并拢，尽量向身体后方延展，做到身体的极限。

> **小叮咛**：这个动作可以有效恢复膝关节、腕关节和大腿的力量。

与地面平行

8.吸腿式

①吸气，双手手臂前伸，保持右腿的直立。

②左腿上抬，大腿与地面平行，小腿垂直于地面，脚尖向地面方向延伸。手臂远伸，腹部内收，眼睛平视前方。

③吐气，身体放松回原。

> ### 训练小TIPS
>
> 　　每天训练30~40分钟，最好选择下午和晚上进行。在做体式时请把注意力集中在骨盆上，保持骨盆不要偏斜。日常生活中注意重心不要总偏放在一条腿上，比如跷二郎腿，"八"字步站立等，要保持两腿受力均衡，平时尽量少穿高跟鞋。饮食上多吃一些含丰富矿物质的食品，比如牛奶、板栗、鸡蛋、三文鱼等。

科雯老师美丽TIPS

满月了！

今天"我"满月

"满月"是孩子的纪念日，更是产后美妈妈们新生活的开始，走出家门去感受新鲜的空气，去体会阳光的滋润，大地的温情，对天空说我解放了，对朋友说我自由了，对家人说我很幸福。带着一颗感恩的心，去谢谢您想感谢的人，在这个值得纪念的日子里，为自己做一件有意义的事，逛街，买饰品，去吃渴望已久的美食，给自己、给心灵放松，奖励自己给社会、给家庭的贡献！

经过"恢复篇"的练习，您是不是觉得浑身上下更轻松了，整个人变得漂亮了，身体有力量了，接下来，我们会一起进入一个和谐的新篇，让瑜伽好好地帮助您走好每一步。

Dr.毕的
专业法宝

减轻腰背部的不适

妊娠期间由于关节韧带松弛，增大的子宫向前突起，使身体重心后移，腰椎向前突使背部肌肉持续紧张，常出现轻微腰背痛的现象。通过瑜伽训练可改善肌肉紧张，减轻腰背痛。

Chapter 2

和谐篇

身、心、灵的和谐让女人更美丽

为何我的心绪如此捉摸不定

美妈妈们经过了十月怀胎，一朝分娩后，整个身心都发生较大变化，有时会感到挫折，情绪很低落，整个人都闷闷不乐。这都是因为产后体内的雌激素和孕激素水平下降，还有与情绪波动有关的儿茶酚胺分泌减少造成的。内分泌的不平衡，使得新妈妈的心绪和感情变得非常敏感，情绪自然容易波动。

家人如何帮助您

在这个阶段中一定要注意关爱自己、关爱家人，要经常与家人交流，特别和老公更要沟通。夫妻之间的性生活是夫妻交流的重要手段，是精神生活中无法替代的形式，也是追求身心快乐的好方法。"和谐篇"会让美妈妈们度过身体的"困难期"，帮助妈妈们以身心合一的姿态感受呼吸与伸展的过程，调理好情绪，柔软你的骨盆、膝盖、脚腕等关节。

YOGA如何帮助您

"和谐篇"分"与自己和"、"与身体和"、"身心合一"、"与先生和"共四篇，每篇都有独特的训练目的和方法，教会美妈妈们以一套简单的调理方法来安抚自己，控制自己的情绪，增加女性雌激素的分泌，抑制伤害自己的不良情绪。对于初为人母的美妈妈们来说这件事可是很重要的。通过一些简单体式了解自己内心的需求，身、心、灵在YOGA的净化下会变得更加平和、美丽。

和谐篇

"与自己和"
和谐瑜伽5式

- 观想调息式
- 完全呼吸式
- 牛面转体式
- 飞鹤式
- 虎口祈祷式

烦躁情绪不再来，
做个和谐好女人

新妈咪注意点 >>

产后我要"幸福"

我们每天都在忙碌着这样和那样的事情，永远有干不完的家务，体力透支，情绪焦虑，做事越来越找不到头绪，自己也变得像小孩子一样容易冲动。从现在起，你应该静下心来听一下内心的声音，感悟一下身体的需求，把重担卸下来，学会一种自我的放松以及与自己的"内心"对话。你只需要每天拿出20分钟固定的时间给自己，坚持10~20天，就会有很大进步，心态也会越来越好。

呼吸让你更放松

呼吸冥想是每个人与生俱来的能力，无论你坐着，躺着，站着都能实现这种练习。呼吸冥想最大的作用是让你恢复心灵的宁静，让烦躁情绪离开自己，让身体肌肉得以放松，让心灵思路变得有条理，增加内心的喜悦。用最简单的呼吸和冥想的方式，就能帮助你实现"与自己和"的目标。

令人期待的效果公开 >>

- 通过呼吸，调整烦躁的情绪，做到心平气和。
- 缓解产后抑郁的症状。

1.观想调息式

①半莲花坐姿坐好，左手以凤凰手式放于膝盖，右手五指并拢紧贴于胸前，

②吸气，背部自然伸展，腰部下沉，下腹前推，下颚内收，把注意力放在自己的呼吸上。

> 小叮咛：保持呼吸的均匀、细长，感觉气息从上腹慢慢升到胸部、肩部，体会到这股气息力量，向上提升一直到喉部，在喉部停留10秒钟。用心去体会上升和回落，感受一种内在的伸展。

2.完全呼吸式

①半莲花式坐好，双手于胸前合十，腹部内收。

②缓慢吸气，气息从腹部上升到胃、胸、肩、喉，同时双手跟着呼吸向上升，手举过头顶后开始呼气，同时气息下行，双臂保持向上完全伸展，眼睛平视前方。

③双手落于胸前，停留一会儿，手臂落下，双手放于膝盖上，闭上眼睛放松身心。

气息

3.牛面转体式

①保持半莲花坐式，腰部挺直，两手手臂向旁侧延伸。

②吸气，两手于背后相扣。完全打开胸肩，保持脊椎自然挺拔，眼睛可以向左或向右的腋下方位看出，保持均匀的腹式呼吸。

③-1

③-2

背后是这样的

4.飞鹤式

①半莲花式盘好，上身立直，双手于体后交叉握拳，手臂伸直，收紧肩胛骨，手腕尽量合住。

②上半身向左侧前倾，左肩贴膝盖，眼睛向右上方看出去，保持顺畅呼吸5～10秒。

③上身回原，反方向进行。

小叮咛：注意练习时背部一定要保持在平直的状态上，不可含胸、驼背。

④-1

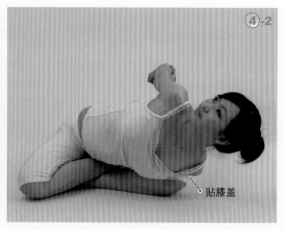

④-2

贴膝盖

5.虎口祈祷式

①双腿盘好，双手于体前扶地，虎口张开相对。

②上半身下沉，额头沉至虎口中，闭上眼睛，放松背部，保持均匀呼吸。

③背部带动起上身再抬头，此时您会感觉所有的不舒适感都消失了，内心充满了喜悦和满足感。

⑤-1

⑤-2

训练小TIPS

　　做呼吸练习时要始终保持清醒状态，目的是感悟自己呼吸的每一个细节的变化，体会"与自己和"的过程，不能使自己处于睡眠状态，才能达到掌控自己身、心、灵的目的。固定每天20分钟，选择自己喜欢的姿势，闭目冥想，将注意力集中在腹式呼吸上，保持均衡呼吸。开始练习时气息较短，时间长了就会变长。练习时请关掉所有的声音来源（手机、电视等）。

Problem Solving 困扰解决3　　**疲劳**

　　这可是所有新妈妈都会遇到的问题，因为每隔几个小时就要醒来照顾宝宝，睡眠时间严重不足，缺乏充分的休息，身体自然会疲劳。虽然我们不可能告别所有的不眠之夜，但瑜伽至少可以一定程度地应对疲劳，以使新妈妈们在醒着的时候更有精力。试着多做瑜伽的冥想呼吸，在沉静的心情中体会到身体力量的慢慢恢复。

瑜伽课堂

幸福的妈妈——从呼吸开始

1.练瑜伽从"呼吸开始"

呼吸是与生俱来的一种自我的调节运动，忠实地运送着人体所需氧气，对于产后的新妈妈们尤为重要。呼吸是自己与自己的对话，自己了解自己的一个方式，它不需要你付出太多的体力和耐力，只需静下心来，清空你的思维，放松你的身体，倾听你的呼吸，疲劳、烦躁、忧郁会悄悄地离开你的身体，让你获得一份来自内心的"幸福"礼物。

2.呼吸练习从腹式开始

半卧式靠在沙发上，双膝收回，左手放在腹上，闭上双眼，专注于腹部。吸气将腹部慢慢向上升到形成半球状，呼气使横膈膜缓缓放松下来，待气息完全排出体外后再开始吸气。练习呼吸可长可短，根据自己的程度来定，开始时吸气的气息比较短，这是正常现象，一般坚持练15天后，气息会逐渐变得均匀细长。每次练习时，尽量保持一种心静如水的微笑表情，美丽幸福感就会油然而生。

3.古老的鼻呼吸

在古老的瑜伽经典里左鼻孔代表"月亮"，即平静；右鼻孔代表"太阳"，也就是激情，我们的呼吸一般处于左、右鼻孔交替的状态。当我们需要力量和激情时，常常右鼻呼吸多于左鼻呼吸，当我们需要思考安静时，左鼻呼吸多于右鼻呼吸。了解了简单的呼吸道理，你可以把它充分运用到生活中，享受呼吸给生活带来的生命能量。

把毛巾轻轻地盖在腹部或是脚面上，放松所有的知觉、想法、意念，舒展疲惫的身体，想象自己躺在温暖的沙滩上，享受着阳光的照耀，全身暖洋洋的。

让我们一起吸气，呼气，再吸气，再呼气，就像天空中有一道白光照在我们头顶上，像一股暖流，流进我们的脑海，沿着面颊、喉轮、胸膛、腹胃、根轮，慢慢地传遍全身的每一个角落，每一寸肌肤，使我们得到深层次的能量补充。白光每经过一个地方，我们会变得更宁静和平和。

接着，由上而下放松全身的每一处地方，放松我们的额头、眼睛、眉毛、耳朵、嘴角，放松肩膀、手臂、胸口、两侧肋骨、胃部、肚脐、下腹，放松腰部、胯部、会阴，放松脚心、脚尖，感到身体越来越舒服和宁静，全身的能量完全畅通了，身体充满了活力，我们也更喜欢自己。通过能量冥想休息术，我们可以唤醒能量，找到更多的健康、快乐和幸福。

Hexiepian

和谐篇

在与身体的平和中，
修炼自我

"与身体和"
平衡瑜伽 6 式

- 含胸半立式
- "V"字前伸式
- "V"字平衡式
- 半莲花前伸式
- 双腿背部伸展式
- 动物转体式

新妈咪注意点 >>

为什么平衡能力很重要

平衡是指身体前后左右力量的均衡，平衡和柔韧性一样，是正确身体姿势的前提。舞蹈演员的身型非常苗条，是因为他们身体的前后和两侧的力量达到平衡，身型自然美观又优雅。产后的妈妈们形体变化有部分是因为身体不平衡造成的。瑜伽的拉伸练习有很好的修正效果，让你的身体达到均衡。

怎样提高平衡能力

下面的6个体式，是专门锻炼我们的平衡能力，锻炼腰腹和身体前后及两侧的肌肉，使之得到拉伸。练习后可以充分感受到身体和肌肤的伸展，体会身体平衡带来的喜悦，增强身体的肌肉力量。

动作更加有效的窍门 >>

提示： 每个动作一定要有所停留，多做几遍。体位准确后再换下一个体式。

训练时间： 下午和晚上，每次20~30分钟。

吸气，抬脚跟

1. 含胸半立式

①尾骨确实坐于地面上，弯曲双腿。
②吸气，含胸，背部放松，额头沉于膝盖上，双手扶于脚面，抬起脚跟，保持姿势10～15秒。
③吐气，脚跟落下，抬头手臂回到体侧。

背部一定要直立

2. "V"字前伸式

①上身直立，双腿抬起前伸，弯曲双膝，小腿与地面平行。
②左手放于膝窝处，右臂于体后展开伸直，指尖轻点在地面上，保持10～15秒。

小叮咛：如果一开始您掌握不好平衡也没关系，在练习中慢慢地会找到自己身体的平衡点。

腹根受到刺激

3. "V"字平衡式

当您感觉到"V"字前伸式已经做得很好了，可以在上一个体式的基础上将小腿向上伸直，保持5～10秒。此时，腹根处会受到更好的刺激。

4.半莲花前伸式

①双腿前伸，然后弯曲左膝，将左脚置于右腿胯根处，背部立直。

②呼气，上身缓慢向前伸展，尽量做到腹部贴大腿，胸部贴膝盖，额头贴小腿，双手交叉放在脚面处，保持4～6次呼吸。

③反方向换腿练习。

下巴内收

5.双腿背部伸展式

①坐于地面上，上身立直展胸肩，双腿并拢前伸，脚尖勾回。

②呼气，上身下沉，用腹部力量将身体前推，双手扶在脚心处，抬头眼睛平视前方，保持均匀的呼吸5～10秒。

③吐气，上身回原，每次练习3～6次。

小叮咛：这个体式有助于拉伸您腿部、韧带和肌肉线条，做完这个体式后身体会有一种拉伸后的轻松感。

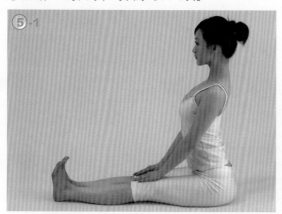

6.动物转体式

①屈膝坐好，双手自然打开放于身体两侧。

吸气

②小腿收回，向一边自然打开。

 小叮咛：左手扶不到脚尖没有关系，扶在小腿处也可以。

这里拉伸了

③右手扶在左膝上，左手扶住右脚脚尖，自然扭转身体的中段，缓慢地转动头部，眼睛向右侧看出去，保持5~10秒。头部回正，反方向换边再练习一次。

预防下肢水肿

Dr.毕的专业法宝

由于子宫增大，压迫下腔静脉和腹压增高，使静脉回流受阻和血压增高，导致很多妈妈出现下肢浮肿。应对浮肿应采取左侧卧位，将下肢稍垫高，改善下肢血液回流。对于休息后仍持续无减轻的浮肿，应及时去医院检查。另外，由于妊娠期肠蠕动及肠张力减弱，加之孕妇运动量减少，容易发生便秘，妈妈常会感到排便困难。所以应养成定时排便的习惯，并多吃含粗纤维素的蔬菜和水果，以利于排便。

瑜伽课堂

（一）按摩出个健康的身体

保健从自我按摩开始，自我按摩是瑜伽训练的序曲。双手放在腰部两侧轻推按摩，再沿结肠走向进行按摩，每次5~10分钟。轻柔的按摩可以很好地帮助产妇的子宫肌肉收缩，促使子宫内恶露顺利排出，同时增加腹肌张力。每次训练前后按摩一下身体还可以起到暖身、放松、安抚的作用。

（二）用手梳出的幸福健康

经常梳头好处多，新妈妈用手梳头好处更多，可以促进头部血液循环，增加头部的营养，有利于发根的新陈代谢，防止产后脱发。手指是按摩头皮、梳理发丝最天然的用具，手指按摩的热度可以很好地刺激到头部的穴位。

方法：先将手指搓热，从前额开始向后梳理，再从两侧向中间梳理，最后从颈部发根处向头顶梳理。梳理时应贴紧头皮，每天睡觉前梳理5~8分钟。

从前额向后

从两侧向中间

从发根到头顶

"身心合一"

站立瑜伽 8 式

平和身心，塑造线条;

释放心情，处世优雅

- 折叠放松式
- 双手前伸式
- 双手前伸抬腿式
- 舞蹈式
- 前抬腿式
- 侧抬腿式
- 树式
- 半蹲式

新妈咪注意点 》》

身心二合一，度过困难期

初为人母的我们，在享受生命的喜悦、自豪的同时也感受到身累、心累。身心合一训练套路把身体的肌肉锻炼和心灵的修炼合为一体，在古老的印度瑜伽智慧中，通过深奥的体式练习，提升灵性生命的生活方式，以达到身心合一的目的。用心体会训练过程，静静地感受能量的增益，关注身体的细微变化，你会发现爱多了，情多了，整个人更有激情，更有意志力。

身体健康+心灵健康=真正健康

中医认为养生健身需要身心合一，"真正的健康=没有疾病的身体+良好的心态"，如果人的心理能量始终处于奉献状态，被索取过多就会出现心身极度的疲惫和感情的枯竭，产后的妈妈们，想要真正达到身体健康，家庭和谐，第一步就是身与心的合一。

令人期待的效果公开 》》

- 增强身体站立时的平衡能力，拉伸腿部线条。
- 舒缓心情，集中精神。
- 提高身体的张力，增强专注力。

1.折叠放松式

①站立在地面上，上半身慢慢向下弯曲。

②双手向后在小腿处抱拢，缓慢地将腹部贴向大腿，胸部向膝盖靠拢。

③额头贴向小腿，头部自然下垂，闭目保持5次呼吸。

> 功 效：1.改善脊椎僵硬、头晕、疲劳及低血压现象。
> 2.有效提高睡眠质量，使我们的精神更加集中。

2.双手前伸式

①从站姿开始，双手在头顶处合十。双臂贴紧耳部，保持双手手臂的充分延展。

伸直

②上半身慢慢向前倾，同时双手向前伸直，落下与肩平，背部及手臂呈一直线，双膝自然伸直，背部与地面平行。吸气，头顶向前延伸，下巴内收，眼睛向下看，保持自然呼吸30~40秒。

> 小叮咛：背部及双手手臂呈一直线。
> 功 效：1.充分拉伸背部肌肉，增加身体的柔韧度。
> 2.缓解背部疼痛，使得内心平和宁静。

3.双手前伸抬腿式

保持上面的姿势，在维持身体平衡的状态下，慢慢抬起左腿，让腿部与地面平行，眼睛看向地板方向，保持5秒，左腿还原落下，换边再做一次。

4.舞蹈式

① 身体自然站立在地面上。弯曲左膝，左手抓左脚腕，指尖带动上半身向前延伸。

② 在上身平稳后，将左脚向上提，停留在最高处，眼睛平视前方。

保持平衡┄┄

小叮咛：这个体式锻炼身体整体平衡性，拉伸腿部后侧肌肉，美化腿部线条。

训练小TIPS

这组动作有点难度，需要您有坚定的信心和勇气，如果站不稳，可以借助墙面或椅子帮助自己把造型的平衡完成。

5.前抬腿式

①将身体还原到自然站立的体态，慢慢弯曲右膝，右脚掌踩于左膝上。

②双手抓住右脚脚尖，慢慢抬起右腿，左腿保持直立，眼睛平视前方。保持自然呼吸5秒，换边再做一次。

保持伸直

> 小叮咛：觉得有困难的妈妈，可以将双手环抱于膝盖处。
>
> 功 效：1.缓解由压力引起的紧张情绪。2.舒缓心情，放松并舒展腿部和手臂神经系统。

6.侧抬腿式

①双腿并拢，上半身保持直立，弯曲右膝，右手抓住右脚脚踝处。

②慢慢向侧面抬起右腿，直到腿部完全伸展，保持这个姿势5秒钟，换边再做一次。

妈妈宝宝育儿经 **新生宝宝"三不应"——吐奶、便秘、消化差·之一**

吐奶

经验不足的新妈妈经常会认为宝宝吐奶就是因为吃得太饱了，其实造成宝宝吐奶的原因很多，喂奶过久也会造成宝宝吐奶，还可能是因为奶在胃里停留时间太久，引起胃酸造成的。要防止宝宝吐奶，可以在宝宝吃饱后，将他的上身立直，让宝宝打个嗝，如果怕宝宝熟睡时吐奶呛到，就一定要让宝宝采用侧卧的姿势。

7.树式

身体直立，弯曲右膝，右脚脚掌踩在左腿胯根处，双手向两旁打开，指尖向远端伸展，保持身体的平衡。

小叮咛：柔韧度没有那么好的妈妈们，可以将右脚放在左腿膝盖处。

功效：伸展脊椎，集中注意力。有助于改善轻微眩晕的现象，加强身体平衡感，增强腹部肌肉力量。

8.半蹲式

双脚半蹲，重心放在脚掌上，双手在胸前合十，臀部、肛门、会阴内收，脊椎自然立直，背部完全延展，眼睛平视前方，保持5次呼吸。

小叮咛：将专注点放在臀部和会阴处的收紧上，尽量做腹式呼吸。

功效：改善关节疼痛，强健脚踝和膝部。

瑜伽课堂

美妈妈的美容护理

从怀孕到产后，由于机体状态和生活规律的改变，大多数新妈妈的面部会出现色素沉着，俗称黄褐斑。常常表现在鼻尖和两个面颊处，并且对称分布，形状像蝴蝶，也称蝴蝶斑。要避免黄褐斑的出现需要在日常生活中由内到外进行调节，做到养护结合，逐步淡化和消除讨厌的斑点。产后还会出现皮肤松弛，眼角、嘴角也会出现细纹，面部也变得没有光泽起来。对于这些烦恼，科雯老师可是有绝招的。

内调

*1.*保持愉快的心情，不急不躁不忧郁。保持积极向上的心态，每天保证充足睡眠，睡眠是女人最好的内服美容剂。学会用空闲时间休息，才会有好的气色展现出来。比如宝宝睡觉时，妈妈也可以跟着好好睡一觉噢！

*2.*多喝温开水，用白开水补充面部的水分，加快体内毒素排出。同时多喝水还会增进肠胃的新陈代谢功能，保持肠胃通畅。

*3.*多食用富含维生素C、维生素E及蛋白质的食物，如西红柿、柠檬、鲜枣、薏米等。

维生素C可抑制代谢废物转化成有色物质，从而减少黑色素的产生。维生素E能促进血液循环，防止老化。

外调

*1.*选择品牌好的护肤品，出门必涂防晒液，紫外线是皮肤的大敌，会引起面部色素沉着及皮肤老化。

*2.*每月到专业的护理中心做2~3次的全身护理。最好用复方精油做身体及面部的排毒和紧致美白的护理。也可以购买一些质量较好的复方精油在家里自己护理，比如杜

赵磊摄影

松子精油、荷荷巴精油、月见草精油。针对身体疲劳可以买舒缓安睡、放松减压的淋巴排毒精油。

坚持使用精油内调外用3~6个月，皮肤就会有明显变化，细小的皱纹、色素沉着及皮肤松弛等情况都会得到改善。精心的自我护理同时提高了自我的生活品质，获得了美丽、自信的心态。美和丑其实只差一步，就看你需要什么样的生活。老公、宝宝永远喜欢看到美丽漂亮的妈咪。你准备好了吗？

预防产后抑郁

产后新手妈咪由于身体疲劳、不适、侧切处或腹部伤口的疼痛、孩子的哭闹、角色的转变，以及家人关注度的转移等多种内外界因素的影响，感情较脆弱，容易郁闷忧伤，应引起医护人员和家庭成员的注意，要从多方面关心、支持和帮助产妇，做好产妇心理护理，使产妇保持愉快的心情。

和谐篇

"与先生和"
爱侣的治疗体式

心更近了，
爱更浓了

新妈咪注意点 >>

在度过孕期、哺乳期、育儿期之后，女人完成了人生中的一件件大事，却发现越来越难以点燃爱的欲火。新妈妈们把所有的关注点都放在孩子及日常的生活上，而忽略了与老公的"幸福"生活，经常心在身不在，或者身心都不在。夫妻之间的性生活是完善家庭幸福和健康生活的源泉，和谐的性生活有助于新妈妈的身心恢复，性爱的满足会使女人变得丰腴，感到内心的甜蜜。和谐幸福的女人，需要家庭的温暖，需要丈夫的呵护。

爱侣治疗体式

1.舒展筋骨，压拉下肢

美妈妈俯卧屈膝，小腿与地面垂直，丈夫以双手握住她的脚趾前推，使双脚跟贴近臀部。力度视妈妈的承受力来定，以舒适为目的。

2.抚平沉重感，按压腿后肌肉

美妈妈俯卧、双腿分开，丈夫从臀根开始按摩至脚心处。反方向按摩回臀根处，力度柔和有节奏。注意不要用力压膝部。

3.放飞情怀，打开髋骨

美妈妈俯卧屈膝，丈夫抓妻子的脚踝向左侧下沉，再慢慢推向右侧，直到髋部和后背有舒展感。

① ② ③

爱的体验

让我们的爱意重新起航

手拉着手，心贴着心，让身体说话，让爱说话。两个素不相识的人，从相识、相爱、相知到步入婚礼殿堂，这是一个幸福而漫长的过程。在古老的印度习俗中，把丈夫作为妻子的神，把妻子作为丈夫的庙宇。于是，永恒和谐的夫妻关系便从这美好的启示中开始。

爱是化解家庭矛盾的润滑剂，家庭幸福取决于你与他的相互协助、相互理解，相信爱的能力，爱是家庭中最大的精神及身体的支柱，爱需要相互给予。

爱侣训练体式训练要点：

① 敞开心怀相互关爱。

② 欢愉在爱的海洋里。

③ 相互支持并肩作战。

④ 背贴背，心贴心。

⑤ 百年修得同船渡。

⑥ 相互协助。

让爱更深的为爱祈祷式

两人双腿交叠，双手相合，额头相贴。关注自己的呼吸和身体。心无杂念，自然地去感受一种深层的沟通，聆听伴侣那无声的世界，用呼吸去感受一种默默的爱，非常适合睡前做一做。

Chapter 3

雕塑篇

快和 "鲜活" 脂肪说拜拜

生育孩子令母亲身材变形，体重增加，这对爱美的妈妈来说无异于一场灾难。"雕塑篇"围绕大家最关心的几个部分训练，通过前期的恢复期、和谐期的体式和心灵修复练习，现在大家已经可以进入减肥练习了。你的骨骼和情绪都有了一定的能量和控制力，减肥的练习现在自然做起来简单许多。

6个月的黄金期

产后的6个月是妈咪瘦身的黄金期，因为这段时期新妈咪的新陈代谢率仍然较高，而生活习惯也尚未定型，因此瘦身的效果会较好。不过，未能在产后6个月瘦身完毕的妈咪也不必担心，即便超过这个时间，只要掌握摄取营养的技巧，并适度运动，照样能够恢复原有身材。

新妈咪瘦身独门餐

原料：哈密瓜、鸡蛋、胡萝卜、西芹。

做法：将哈密瓜洗净，由上端横切将内部籽挖除。把蛋打散加少许水，胡萝卜、西芹洗净切小丁备用。将胡萝卜、西芹加入蛋液中再倒入哈密瓜里。将哈密瓜移至蒸锅中，盖上锅盖以大火蒸至蛋液凝固即可。

原理：哈密瓜水分多，并含有高纤维，容易让人有饱足感，可以起到很好的减肥效果。

腹部减脂
瑜伽8式

清除腰部两侧赘肉，收紧中段肌肉群，
塑造迷人腰部线条

- "八"字下压式
- 腰部转体式
- 平桌式
- 双脚伸展式
- 扭转伸展式
- 抱头式
- 半起身屈腿式
- 狗伸展式（一）

新妈咪注意点 >>

产后减肥拖不得

    我经常接触到一些产后3年了，脂肪还堆积在身上，上楼都气喘吁吁，面对镜子不敢超过3分钟，焦虑痛苦缠身的妈妈们。原本"鲜活"的脂肪已经成了"顽固分子"，很难减掉。在我的瑜伽课堂里我会安排一些容易出汗的又比较简单的体式让她们练习。

    如果你现在正处于减肥的关键时期，请千万别放松自己，一定抓紧时间练，把健身减肥当作每天的习惯，把可恶的脂肪、下垂的肌肤当作头等大事来抓，用积极的心态来关注形体。对于体重已恢复，但身体还有些松垮、运动肌肉不够强壮的美妈妈们一样也有必要参加练习。

    形体美对身体和精神是最好的抚慰，也是给自己最好的祝福。

令人期待的效果公开 >>

- 增强腹部肌肉能力，减少腹部多余脂肪，改善腹部松弛现象。
- 刺激腹部经络，按摩腹部脏器，加速血液循环。
- 缓解背部疼痛，改善便秘现象。

1."八"字下压式

①双腿并拢，自然伸直，双手扶在双腿膝盖处，保持自然呼吸。
②两手手心扶于双膝内侧，双腿自然打开呈"八"字，做到打开的极限，绷脚尖向外延伸。
③双手抓住双脚脚尖，身体慢慢前推，腹部贴近地面，尽量放松背部与腰部，眼睛平视前方。保持这个姿势10秒。

外绷

2.腰部转体式

①从坐姿开始，双腿并拢，脚尖向前伸直，两手自然打开，放于体侧。
②左腿沿地面屈膝收回，自然放在右膝外侧，收紧腹部。
③慢慢腰部向左扭转，右肘关节尽量抵住左膝外侧，双手指尖尽量点地，头部向左方扭转，眼睛平视左前方。吐气，身体缓慢还原，反方向重复以上动作。

> **小叮咛**：1.下压的同时吐气，可减轻疼痛感。2.背部自然放松。3.柔韧度不佳者只要感到腹部肌肉的伸展感和挤压就可以。

> **小叮咛**：背部要挺直，确实收紧腰部肌肉。扭转腰部同时感到腰部侧面肌肉的伸展。
> **功 效**：1.消除腰部赘肉，美化腰部线条。2.强健消化系统。3.促进肠道的蠕动，改善便秘的现象。

吸气

3.平桌式

①从坐姿开始，双手指尖点地，自然放于身体两侧，脚跟微微抬起，坐骨确实坐地。

②吸气，两手手臂向前抬起，指尖向远方延伸，同时收紧腹部，抬起小腿，与地面保持平行。

3-1

3-2

放松颈部

4

尽量触碰

小叮咛：1.肩膀放松下沉，指尖向最远处延伸，2.颈部要保持放松，不要向前探头。
功 效：刺激腹部肌肉，减少腹部多余脂肪。

4.双脚伸展式

保持上面的姿势，伸展膝盖，双腿尽量向上伸直。使身体呈"V"字形，尾骨保持确实坐地，双手指尖向前伸展，尽量触碰腿部。

小叮咛：动作过程中保持均匀呼吸，不要屏气。

Prostem Solving 困扰解决4   疼痛的脖颈和肩膀

　　转动脖子便会觉得疼痛，肩部酸到抬不起来，美丽的新手妈妈们，是不是都有过这样的经历？这些异样大多是因为身体长期的侧弯造成的，不管你是母乳喂养还是用奶粉喂养孩子，每天身体都要向前弯曲好几个小时，长时间的弯曲，造成肌肉的僵硬，身体过分地向前弓起，造成头部前伸，还可能引起更多可怕的疾病，如偏头痛，恶心、呕吐等症状也会随之而来。练习瑜伽正好帮你活动到这些部位的肌肉，缓解疼痛和僵硬感。

确实坐地

5.扭转伸展式

在上一个动作的基础上，双腿保持与身体呈"V"字形不动，维持身体平衡，双手收回，于胸前相合，同时向左侧扭转上身及头颈部，眼睛平视前方。

6.抱头式

①身体仰卧在地板上，保持自然呼吸，两手交叉抱于头部，弯曲双膝，脚跟略微抬起，胸部微微上提，使后腰部略离开地面，保持臀部与地面的接触。

②吸气，利用腰腹的力量抬起上身，同时上半身尽量向左侧扭转。注意起身时头颈部不要用力，而是用腰腹的力量带动起身，起身后背部要直立。可反方向重复动作。

 小叮咛：1.双手肘关节一定要伸直打开。2.尽量扭转腰部，做到极限。3.缓慢起身，避免过度拉伸背部及腰部肌肉。
功　效：1.充分锻炼腹部肌肉，按摩腹部器官。2.改善驼背现象。

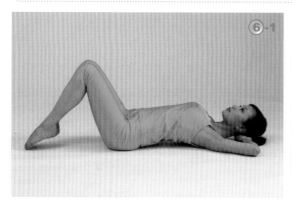

7.半起身屈腿式

在上个动作的基础上，身体慢慢向后倾，同时弯曲左膝，左腿大腿根去靠近腹部，右腿向前方伸展，与地面略微有一定距离，右脚脚尖绷直，右肘肘关节尽量靠近左膝内侧，上背部不要碰到地面，眼睛平视正前方，保持呼吸5~10秒。慢慢地回复到平躺的状态。反方向再做一次。

> **小叮咛**：1.这个动作可能有一点累，有精力的妈妈可以反方向再做一次，更能有效减去腹部脂肪。2.注意双脚脚尖绷直，加强效果。

妈妈宝宝育儿经　新生宝宝"三不应"——吐奶、便秘、消化差·之二

便秘

宝宝有时候几天也不大便一次，看着憋得难受的宝宝，妈妈心里也一个劲儿地着急上火。怎样才能解决宝宝的便秘问题呢？一是尽量用母乳喂养，因为牛奶中的钙和酪蛋白食入后容易引起便秘；二是适当喂哺蔬菜泥及果泥等含纤维素的食物来防止宝宝便秘。妈妈还可以用手掌心在宝宝肚子上顺时针揉上10~15圈，帮助宝宝排便。

科雯老师特别叮嘱

做腹部减脂的动作时把注意力放在腹部上，尽量让腹部处于内收的状态，保持呼吸流畅。整个动作做完后腹部要有发热的感觉。

体式要求：上半身要保持直立，以刺激腹部为重点，腿部起到辅助作用。

提示：练习一定要在饭后2小时以后才可以进行。练习前40分钟可以饮一杯白开水，帮助肠胃有效排毒，训练中不要饮水。早晨、下午、晚上都可以进行腹部减脂的锻炼，每天用30分钟，慢慢调理自己的身心，塑造出一个更平坦的腹部吧。

8.狗伸展式（一）

①身体俯卧于地面，额头贴在地面上，两手手心向下扶于胸部两侧，胸部、腹部、腿部及双脚脚面完全贴于地面，背部和肩部放松。

②吸气，双脚脚尖撑地，脚面立起，两手支撑地面，小臂贴地不动，以大臂的力量支撑起全身，使身体其余部位完全离地，抬头眼睛平视前方，吐气放松落下，重复做3~5次。

小叮咛：做的同时收紧会阴，可有效刺激会阴肌肉。

功 效：锻炼腹部肌肉的同时，还可以有效锻炼手臂，特别是大臂的肌肉，让我们提前告别蝴蝶袖。

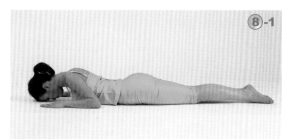

⑧-1

⑧-2

贴地

科雯老师特别叮嘱

○○○○○○○○○○○○

进入"雕塑篇"，你的体能和身体基本恢复到位，可以进行一些有强度的针对性训练。在进入减脂的环节时，要注意以下几个问题：

*1.*呼吸要自然，不要屏气。呼吸可以使我们的身体与精神连接在一起，身心会逐渐放松，自然消除身体的疲劳感。

*2.*关注肌肉的收紧。每篇减脂练习都有一个收紧的重点，把意识力集中在这个点上，对收紧、减肥很有帮助。

*3.*重复练习。每个体式可以反复练几遍，一直到有发热的感觉后再换下个体式。

*4.*有迫切减肥需求者每天练习，而只要求肌肉收紧的人隔天练习就可。

*5.*准备工具：一、体重计。二、一副卷尺。三、一个记录本。四、一套宽松的棉质瑜伽服。五、瑜伽专业垫子一个。

新生宝宝"三不应"——吐奶、便秘、消化差·之三

消化差

宝宝消化差的原因也有很多，有可能是家长喂了宝宝太多新的食物，让宝宝一时接受不了，也有的是对某种食物消化不良。

解决宝宝消化不良，可以从源头下手，将牛奶煮沸，待冷却后除去脂肪膜，再煮沸余乳，再冷却后去脂肪膜，如此反复3次煮出脱脂奶给宝宝喝，也可以喂宝宝一些蔬果汁。实在还不行，可以考虑喂宝宝一点乳酶生等药物，如果很严重，还是要赶紧去医院请教医生。

新妈妈们还可以根据宝宝的便便大致判断他们是否消化不良，如果宝宝的大便中带有颗粒状物，并混有黏液，便便的颜色由黄转绿，呈水状，这时妈妈们就要特别注意了。

预防产后便秘

Dr.毕的专业法宝

产后胃肠张力及蠕动力减弱，胃酸分泌减少，新妈妈们常常食欲不振。同时，还会由于会阴伤口的疼痛，卧床时间较多，腹直肌及盆底肌肉松弛等因素影响排便；再加上产妇活动量小，饮食过于精细，容易发生腹胀和便秘。应鼓励产妇进食清淡、易消化、富含粗纤维的食物，并适当运动，练习瑜伽或做仰卧起坐，帮助锻炼腹肌，促进排便。

雕塑篇

腰部减脂
瑜伽8式

伸展两侧腰腹，
再现迷人风采

- 地面三角式
- 三角提胯式
- 提胯抬腿式
- 小画圈式
- 大画圈式
- 船式
- 小桥式（一）
- 小桥式（二）

新妈咪注意点 >>

锻炼深层肌肉，减肥更有效

生产后腰部非常容易变粗，让新妈妈们失去了往日窈窕的体形，这是因为腰部是最容易堆积脂肪的位置，腰部的粗细直接影响到我们体形的美观。除了锻炼外，新手妈妈们在日常生活中，也应该注意腰背的直立、坐、站、行，尽量保持身体的挺拔、骨骼的端正。

现在国际上非常流行一种"深层肌肉"锻炼的说法，能更好地起到减肥的效果。

深层肌肉是靠近骨骼、支撑身体的肌肉，起着维持耐力的作用。这些肌肉经过锻炼后，身体代谢水平就会提高，浮肿也会消失，排汗也会变得更加通畅。下面的8个体式可以很好地帮助您锻炼深层的肌肉，达到更快瘦身的效果。

令人期待的效果公开 >>

· 加快下半身的血液流动。调节脊椎和骨盆柔软度，治疗腰痛和痛经现象。

· 松弛髋关节，刺激淋巴系统。

· 矫正全身的变形，塑造侧腰线条。

略下压

①双膝并拢，跪于地面上，双手于身后扶在尾骨处，背部保持一条直线，头颈部放松，保持自然呼吸。吸气，右腿向旁伸展，脚板踩地，从胯根部略微向下压腿，膝盖伸直，感到腿部后侧肌肉的延展。

②手心向上，双手同时向上打开与肩平，指尖向外延伸。

 小叮咛：手臂确实呈一直线，放松肩部，注意背部的直立。充分感觉全身肌肉的延伸。

2.三角提胯式

①从地面三角式的预备姿态开始，将左手放在左膝外侧，手掌确实扶地，支撑身体重量，上半身向左侧倾，右手手臂抬起向上，指尖向天花板方向延伸。

②右大臂贴向右耳，右手手心翻转朝上，右手指尖向右侧远端伸展。从胯根处带动整个上半身慢慢向上翻转，保持均匀呼吸不屏气。

 小叮咛：起支撑作用的手臂要保持伸直。

伸直

3.提胯抬腿式

吸气，在三角提胯式动作②的基础上，右脚缓慢抬起与地面平行，脚尖向前伸直，保持身体平衡，收紧腰部，眼睛看向天花板方向，停留3~5秒，反方向重复动作。

 小叮咛：想保持这个动作的平衡有一些难，慢慢进行练习，一定保持自然呼吸。
功　效：充分锻炼到腰部两侧和大腿前侧的肌肉，有良好的塑形效果。

4.小画圈式

①从坐姿开始，绷起脚尖，弯曲双膝，两手指尖自然打开，放于身体两侧。
②把注意力放在脚尖上，由脚尖带动整个腿部沿顺时针方向在地面上画圈。
③重复3~5次，再沿逆时针方向重复3~5次。

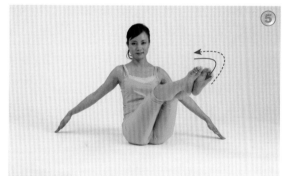

5.大画圈式

①双手放在身体两侧作为支撑，双腿并拢上举，小腿与地面平行。
②以腰部为中心带动腿部在空中画圈，将专注点放在大腿内侧肌肉的收紧上，沿顺时针方向在空中画圈，注意腿部要完全离开地面，画圈时要保持背部直立。重复3~5次，再沿逆时针方向画圈3~5次。

6.船式

①平躺在垫子上，先慢慢抬起头部和上半身，双手手臂伸直，随上半身抬起。
②再慢慢抬起双腿，双腿离地15cm，再逐步向上抬起直至与地面呈15°角，注意保持身体的平衡。在空中多停留片刻，再缓慢还原，每次做6个，每个停留时保持3~5次的呼吸。

放松

小叮咛：1.头部抬起时要自然放松。2.绷起脚尖，可以起到更好的效果。3.保持自然的呼吸。
功　效：1.按摩并加强腹部血液循环。2.强健背部肌肉。3.增强身体平衡力。

7.小桥式（一）

①身体自然平躺于地面，双臂打开与肩宽，双手手心向上，手背贴于地面，双膝并拢收回，略微踮起脚跟。
②吸气，双手于头顶上方相合，头顶点地，腹部用力，让腰、背部离开地面，充分向上延展胸部，扩张肩胛骨。眼睛朝指尖方向看去，保持这个姿势10秒，再缓慢回正。

 小叮咛：1.做胸式的自然呼吸，每次做3~4次即可。2.注意头部不要过分用力，以免伤到颈椎。
功　效：1.柔软背、腰、腹，按摩内脏器官。2.稳定神经系统运行，平缓紧张的情绪。

⑦-1

⑦-2

着地　　着地　　着地

⑧

8.小桥式（二）

在小桥式（一）动作②的基础上，右腿小腿抬离地面，右腿完全伸展，绷好脚尖。保持自然呼吸，身体回正后，反方向再做一遍。

训练小TIPS

　　美妈妈可以按顺序练习，也可以挑选自己喜欢的动作练习。每次练习前做一下暖身运动，对于产后发胖者，先了解一下自己最胖的部位在哪，有针对性地练习，效果最好。每天最好固定训练时间，每组动作最好练到想减的那个部位有发热的效果。只要保持每天30分钟运动，体重、围度都会有明显改变。

瑜伽课堂

减肥，掌握好你的身体周期

产妇一般需要6~8个月的生理周期身体才能完全恢复正常，任何一个成熟女性有规律的生理周期都在28天左右，看似普通的数字，里面含有神秘的身体变化。掌握好生理周期，对瘦身很有帮助。

4周生理周期减肥法

1.减肥预备期

生理周期第1~7天。这7天里，我们的身体经历月经来潮，身体新陈代谢减慢，容易疲劳、郁闷或不专心，胃口也没有以前好。这个时候不适合做动作过大的瑜伽体式，而应适当做一些静心的调息或肩胸简单体式，还可以以控制饮食的方法达到减肥的效果，把饭量减半为宜。

2.减肥黄金期

生理周期第7~14天。月经过后的一周为减肥黄金周，这个阶段身体新陈代谢加快，消化功能好，精神稳定，心情愉快。月经时在体内集结的水分能够迅速排出体外，全身有变轻盈的感觉。这个阶段的运动量可以加到最大，练高温瑜伽最适合，在家练习一些难度较大的体式也比较合适，每天可以练习40分钟。

3.减肥成效期

生理周期第15~21天。这个时期身体与情绪的配合比较合适，身体代谢迅速提高，脂肪燃烧全速进行。这个时期最能看到减肥的成果。这7天里，我们的训练时间可以加长，针对要减的部位可以加强重点练习。不过这个阶段我们的胃口会特别好，要小心不能多吃哦。

4.减肥缓慢期

生理周期第22~28天，即月经来潮的前期。这一周身体新陈代谢开始缓慢，身体水分开始增多，情绪不稳定，易躁易怒，减肥成效变得缓慢。这周适合做轻松简单的体式组合，比较适宜练习恒温的瑜伽课，最好不要练高温瑜伽。饮食以清淡为主，一定要远离甜食和油炸食品。

掌握了自己的身体周期就等于掌握了自己的减肥周期，好好利用生理周期把减肥进行到底，成效自然会更显著。

背臀减脂
瑜伽6式

- 双飞燕式
- 弓式
- 蛇击式
- 翘臀式
- 虎式
- 下后腰式

重塑背臀，
展现曲线

新妈咪注意点 >>

告别懒散的脂肪，为身体注入活力

背部、臀部也是非常容易储藏脂肪的地方，表现在后腰处、后背处、臀根处区域过度丰满。整个人呈现出一种懒散、缺乏激情的形象。通过有效的背部、臀部的运动，可以快速达到疏理背部筋络，调理身体的任脉、督脉，为身体注入活力，起到减肥健身的作用。

在做以下6个动作的时候千万不要屏住呼吸。氧气帮助脂肪充分燃烧，如果仅仅是收缩肌肉的话，疲劳物质乳酸就容易在体内积累，身体就容易进入无氧运动状态。因此，保持伸展身体的状态慢慢呼气，是使脂肪燃烧的要点。

令人期待的效果公开 >>

- 燃烧背臀脂肪，刺激背部经络，增加脊椎柔软度。
- 扩展胸部肌肉，使得胸部肌肉变得更加结实、挺拔。

1.双飞燕式

①双腿并拢俯卧于地面，双脚脚尖绷直，脚面贴于地上，收紧臀部，双臂弯曲放在胸部两侧，手心向下，与小臂一起贴于地面，额头贴地。

②吸气，用双手的力量支撑起身体，双手大臂与小臂呈90°直角，胸部离开地面，下半身继续贴于地面上，眼睛平视前方。

③双腿打开与肩同宽，再慢慢抬起，同时双手再向上举高，头部保持自然放松，眼睛平视前方，保持这个姿态10秒钟。

小叮咛：1.俯卧时并拢膝盖和脚后跟。2.如果不能连续做一套动作，一定回到俯卧的姿势，休息一下后再进行下一个动作。

2.弓式

①从俯卧地面的姿势开始，双手抓住脚踝。

②吸气，用背部和腹部的力量将身体尽量翘起，腿部、胸部完全离开地面，头部向后延展，感到喉部的张开，胸部往前扩张，腹部贴在地板上，保持呼吸10~20秒。

③吐气，身体慢慢回到地板上，头侧到一边，保持呼吸并放松身体。

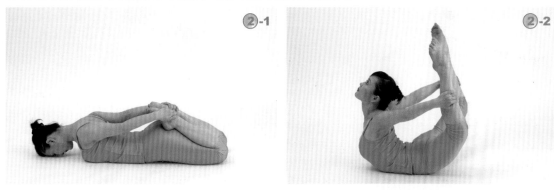

②-1

②-2

3.蛇击式

①身体俯卧，头部抬起，下巴内收，双臂打开与肩宽，双手手心向下，整个手臂贴于地面，双膝弯曲跪于地面，臀部向上翘起，扩展背部，眼睛平视前方。

②吸气，由胸部带动上半身沿地面向前伸展，直至大腿贴地，在移动过程中手臂首先弯曲，然后再向上伸直，胸部和头部向后仰，完全放松肩颈。

小叮咛：练习时尽量把背部伸展开，通过一伸一展来调动背部的肌肉，达到背部减脂的目的。

③-1

③-2

4.翘臀式

①双膝并拢跪于地面，双手打开与肩宽，手心向下撑地，指尖朝前，手臂伸直，吸气，翘起臀部。
②呼气，沉下腰部，抬头，眼睛看向天花板方向，把注意力放在会阴及尾骨上。

④-1   ④-2

5.虎式

①将身体回正到翘臀式的预备体式。吸气，左腿向上抬起，与地面平行，绷直脚尖，背部、腿部呈一直线。
②保持身体平衡，再将右手指尖向前，慢慢抬起右臂，保持呼吸30秒，吐气还原后反方向再次上抬，重复练习10次。

⑤-1   ⑤-2

6.下后腰式

①双膝并拢，跪在垫子上，双脚打开同肩宽，左手扶于左脚脚后跟处，右手自然放于体侧，上半身微微后倾，展胸肩，眼睛看向天花板方向。

②吸气，抬起右手，右手指尖向上延展，上半身完全后倾，头部向后延展，感觉颈部和喉部的延展。

6-1

6-2

训练小TIPS

在练习背臀减脂体式时会感到臀根有强烈刺激感，这些体式可以起到活动胯部、臀部及小腹部，达到暖身作用。

提示：每个体式反复多做几次。一定空腹练习。

训练时间：早、中、晚均可。每次40分钟左右。

经典减肥 "拜日式"

1 双脚并拢直立，双手在胸前合十，保持自然呼吸。

2 吸气，上半身慢慢向后仰，髋部向前方挺出（注意不是腹部），收紧臀部，膝盖伸直，同时双臂贴在耳朵两侧，上半身尽量向后方伸展，双臂尽量保持伸直。

3 吐气，身体慢慢回正，再向前方弯曲，双腿保持伸直状态，将双手放在双脚前侧，眼睛平视正前方，完全伸展背部肌肉。

4 吸气，双手保持不动，左腿向后跨出，尽量伸展，左膝着地，双手指尖扶在地面上，头部和上半身尽量向后伸展。

5 将右腿向后伸展，与左腿并拢，脚底确实踩地，双手手臂尽量贴在地上，手臂用力向上推，抬高臀部，额头贴近地面，肩背部呈一直线，充分延展背部肌肉，让身体呈三角形的形状。

6 身体俯卧于地面上，臀部尽量向上翘起，吸气，胸部带动上半身沿地面向前伸展，直至大腿贴地，在移动过程中渐渐将手臂向上伸直，胸部和头部向后仰，完全放松肩颈。

"拜日式"是瑜伽爱好者和瑜伽修行者常练习的套路，也是世界上为数不多的通用体式训练法。经典减肥"拜日式"是在古老的套路上做了一些体式的改编，目的是加大全身的运动，达到减肥瘦身的目的。

7 反方向重复刚才的动作。

8 吐气，脚掌确实踩地，保持膝盖平直，用臀部将身体慢慢带起，双手手掌贴地，头部下垂，置于双臂中间，放松颈部肌肉，充分延展背部，感觉双腿外侧肌肉的拉伸。

9 吸气，右脚向前跨步呈弓步，左腿膝盖伸直，左膝着地，头部和上半身尽量向后伸展。保持呼吸，感觉到颈部及喉咙的延展。保持这个姿势3~5秒。

10 将头部收回，双手指尖贴地，左腿向前与右腿并拢，慢慢站直身体，抬起头部，眼睛平视前方。

11 吸气，双手慢慢举过头顶，于头顶上方相合，手臂贴近耳朵，上半身慢慢向后伸展，双臂尽量与地面保持水平，保持均匀呼吸。

12 吐气，身体还原立直，将双手合十放在胸前，调整均匀呼吸，确实感受身体的变化。

体式要求：每个体式需要有停留，练习时保持呼吸通畅，体式尽量做到舒展有力。

提示：先做暖身运动，然后再按照组合的顺序做，最好是在早晨起床后空腹进行练习。

瑜伽课堂

妊娠纹是什么

妊娠纹是怀孕期间出现在下腹部、大腿、臀部或胸部呈现紫色或粉红色的条纹，防止和消除妊娠纹是美妈妈们一项必修功课。

讨厌的妊娠纹为什么产生

妊娠纹是怀孕时由于胎儿的不断生长，导致妈妈腹部不断膨胀，腹部的皮肤过度伸张，皮下的很多胶原纤维最终被"拉断"，而使皮肤形成的一种特殊类型的疤痕。人体的腹部从外到内有许多层，依次是皮肤、皮肤弹性纤维和皮下脂肪层，在怀孕3个月后随着妈妈体重的增加，皮肤弹性纤维断裂，于是就慢慢产生了妊娠纹。

怎样改善最有效

一、每天使用纯天然的橄榄油进行适度按摩。二、定期使用复方"妊娠纹"精油进行完整的护理。可以每日先取适量精油均匀涂抹于腹部、臀部、乳房、大腿内侧的皮肤上，轻轻按摩2~3分钟至其完全吸收。

瑜伽课堂

美丽能量的精油配方

让你更美丽的瑜伽精油配方

下面的瑜伽精油配方可是科雯老师平时最乐于和美妈妈们分享的小秘诀哦。

美丽能量——精油的奇妙用法

淋巴排毒

主要成分：杜松子、葡萄柚、天竺葵、月见草油等天然植物精油。

功效：有效地排除体内废物、毒素及多余的水分，能缓解皮肤因外在环境因素及情绪因素所产生的压力，达到镇静放松及洁白滋润的效果。

丰韵美胸

主要成分：香茅、玫瑰、天竺葵、葛根、荷荷芭等天然植物精油。

功效：刺激雌性激素分泌，活化乳腺，使胸部丰满坚挺，强化胸部组织和结缔组织的弹性。

卵巢保养

主要成分：依兰、丁香、檀木香、乳香、天竺葵。

功效：刺激脑垂体，促进卵巢分泌雌激素、黄体素；调节内分泌，抑制色素，提高免疫力，预防疾病；平衡体内雄性、雌性激素，延缓衰老，延缓更年期；平抚情绪，提振心情，舒缓神经紧张和压力。

放松减压

主要成分：薰衣草、薄荷、冬青木等多种精华成分。

功效：促进血液循环，安抚镇静，缓解手脚冰冷，强化代谢因运动过量滞留的乳酸。

舒缓安眠

主要成分：薰衣草、柠檬、橙花等植物精华。

功效：镇静情绪，减轻压力，抗抑郁和失眠。

肌肉酸痛

主要成分：薰衣草、尤加利、姜、葡萄籽等精油。

功效：止痛，放松肌肉，促进血液循环，活化肌肤机能，消除疲劳、扭伤。

脊椎保养

主要成分：薰衣草、茶树等多种精华成分。

功效：改善亚健康状况，对疲惫乏力、肩颈酸痛、腰膝酸软、精神不振、气短体虚等症状疗效更佳。

Chapter 4

美丽篇

美丽是一种态度
优雅是一种生活
宽容是一种心态
爱是一种传递

做个完美好女人

女人爱美似乎自古以来天经地义，美来自一种内在与外在的相融。用美来展示自己的内心，用美来感染你周围的人，用美来提升你和家人的幸福指数，为别人而美的时代已结束，产妇妈妈们追求内在的平和外在的优雅，体现的是一种成熟美。获得这份美从点点滴滴的行为开始，表现在：

一、语言美

语言、语音是女性优雅的表现，与人交流保持缓慢的节奏给人带来一份安定，永远不讲伤害他人的语言。

二、美食

成熟的女性尽量保持清淡的饮食习惯，清淡的食品可以给我们的身体注入轻松自如的能量，保持体内清洁，内心不易产生急躁。

三、心态

每天保持快乐的心态，认真做事，轻松做人，保持积极向上的生活态度。快乐能赶走烦恼，减轻压力，快乐是青春的良药，完美女人一定要有个好心态。

四、服饰

永远穿适合自己风格的服饰，"宁可穿破不可穿错"。保持自己独特的风格，才能展示独特的魅力。

五、运动

运动是美丽的源泉，无论再忙每周保持二至三次的运动。让运动成为习惯，把运动当成一种美丽的投资。做个完美的好女人，展示你每天的光彩。

六、责任

学会承担责任，遇见困难不要躲，勇敢承担，用智慧来解决，敢于承担责任的人，给家人、给朋友会有一种安全感。

七、沟通

会沟通的人是聪明的，沟通是人与人之间的桥梁，善于沟通化解矛盾，多一份阳光，少一份烦恼。用眼睛说话，用心沟通。

八、与外界交流

无论你现在是全职太太，还是白领，一定要与外界保持联系，关心国家大事，关心流行趋势。只关心自己或家人，你会变成一个"傻美人"，女人心中应该有两个家，即"小家"和"大家"。

完美的修长体式
瑜伽8式

- 开启式
- 梦幻式
- 半蹲式
- 弓字仰望式
- 扣手式
- 三角式
- 顶峰式
- 狗伸展式（二）

优美的曲线，
从修长身姿开始

新妈咪注意点 >>

修长，从拉伸肌肉开始

为什么有时胖瘦看起来差距很大的两个人，上体重计称量体重的结果却是重量不相上下？身材的胖瘦与否，有时不仅仅是体重的问题，它还关系到我们肌肉的走向，肌肉线条横向发展的人，即使体重不是很重，有时候也会给人一种臃肿之感，而肌肉走向修长、看起来非常苗条的人，其实有可能一点也不比你轻哦。

产后的妈妈们，由于年龄的增长和生育引起的内分泌变化，肌肉的弹性和力量都会比生产前有所下降，本来修长的肌肉可是有横向发展的危险。下面一组修长套路，帮助新妈妈们修复全身肌肉，充分拉伸完美修长线条。

令人期待的效果公开 >>

· 通过练习，修复全身肌肉，协调全身肌肉平衡，拉伸全身线条。

· 强化脊椎和颈部，增强身体的协调感。

1.开启式

①两脚并拢站立在地面上，两手相合于胸前。

②缓慢地弯曲双膝，身体向右侧略微扭转。

小叮咛：1.注意两脚脚尖并拢。2.扭转身体时，要依自己的情况进行，避免伤及腰部。

2.梦幻式

①双脚并拢，弯曲双膝，吸气，臀部向上翘起，胸部尽量向前挺出。

②头部微微后倾，双手在头顶处合十，大臂夹紧双耳，双手指尖向上延伸，扩展胸部。

小叮咛：动作不要太急，充分感受身体在整个过程中的伸展。

功　效：1.减少大腿及小腿脂肪。2.柔软脊椎，矫正不良坐立姿势，完美身体线条。

3.半蹲式

①双脚打开略比肩宽，双脚脚尖向外侧拧转，双手手心在胸前相合。

②慢慢弯曲双腿，身体下蹲，大腿部分与地面保持平行，右手向上抬起伸直，右手指尖向上延展。

4.弓字仰望式

①从站姿开始，双脚打开略比肩宽，吸气，双手手臂抬起与肩平，呼气，右脚向外转90°，左脚内转30°。头部向右扭转，眼睛凝视右手指尖，屈右膝至90°，上半身保持直立。

②右手沿着右腿内侧滑落，放在地面上，身体下蹲，胯部下沉，弯曲右膝，充分伸展左膝，眼睛朝左手指尖方向望去。

小叮咛： 1.美化肩部线条，让你能拥有一个更美丽的肩部曲线。
2.有助于身体毒素的排出，减少腰腹部的脂肪，使得身体线条更为修长。

④-1

④-2

⑤

不离地

5.扣手式

在弓字仰望式体式基础上，保持上半身和腿部姿势不变，两手在身体后方相扣，眼睛向天花板方向看出，扩展胸部，保持5~10秒。

6.三角式

①在扣手式基础上吸气，两手指尖缓慢松开，右手手掌放在右脚内侧，下颚缓慢收回，左腿脚尖向正前方扭转30°。

②伸展右膝膝盖，身体重心上移，左臂慢慢向天花板方向延伸，眼睛看向左手指尖处。

7.顶峰式

吐气，右腿向后与左腿并拢，两脚脚尖同时向内侧拧转90°，左臂落下，双手打开，支撑于身体前方，胸腰尽量下沉，额头贴于地面，延展腋下和腿部后侧的肌肉。

> **小叮咛**：脚后跟尽量贴于地面。
> **功 效**：1.促进全身血液循环，改善手脚冰凉的现象。2.增强腿部肌肉力量，修长腿部线条。

8.狗伸展式（二）

①在顶峰式基础上，吸气，身体慢慢落下，与地面平行，双手支撑地面呈俯卧撑状。

②利用双手的力量，将身体上抬，同时左膝膝盖弯曲90°，左脚脚尖向上绷直，双腿保持并拢姿态，头部放松，保持自然呼吸5~10秒。

瑜伽课堂

世界上现在很流行"笑瑜伽"，它是一种释放情绪、缓解心中压力的最好方法，一种最天然的补品。美妈妈们，每天对着镜子练习10分钟，一天都会有好心情。

据研究表明，人在笑的时候全身处于放松状态，从而促进大脑分泌神经肽，而神经肽有调节体内信息，提高免疫力的功能，同时可以抑制焦虑、压抑的情绪。"笑瑜伽"其实很简单哦，下面就是"笑瑜伽"的几个动作。

1. 闭目养神式

轻轻闭上双眼，立直你的脊椎，打开你的胸怀，下巴内收，舒展开你的双眉，轻轻闭上嘴，嘴角向两侧上展，做胸式呼吸。

2. 闭目开嘴式

双手向上升，五指分开，下巴内收，闭上眼睛，幸福地张开嘴，牙齿轻轻并合。

3. 张嘴微笑式

保持上一个体式动作，把眼睛睁开，把嘴角打开更大一些，两侧笑肌上抬。露出牙齿，练习时牙齿一合一开，开的时候多停留一会，还是保持胸部呼吸。

4.开怀大笑式

开怀大笑式，一定要发自内心，头向上看，张开嘴和眼睛，让气息从喉咙放出去，颈部一定要放松，双肩一定要下沉，手心朝上。

"笑一笑十年少"，美妈妈们愉快的心情是自己奖给自己的最好礼物，也许偶尔的"笑"不能完全改变你的现状，但一定能改变你的心情，放下心中的杂念，忘掉不愉快的事，给自己一个微笑，这就是你的人生进步。

Problem Solving

困扰解决5　　　　**美丽难道就这样远去了吗**

　　美丽从心开始，在绝大多数情况下，一个身心健康的女人必定是美丽的女人，但随着年龄的增长，加上生活及工作的压力，身体很容易出现亚健康状态，有一天你会突然发现乳房松弛，生理周期紊乱，月经不规律，面色暗淡无光……其实这些问题的根源在于雌性激素分泌下降，内分泌失调。而卵巢是每一位女性所拥有的一所美丽的大花园，它关系到女性一生的幸福，是女性最重要的生殖器官，也是最主要的内分泌腺，协调女性所需的雌性激素的分泌，就必须给卵巢做保养，也就是为自己的幸福花园买一份保险。

卵巢的生理功能

1.是女性最重要的生殖器官和内分泌腺，可产生成熟的卵子，协调女性生殖系统，分泌激素，是人类生命的发源地。

2.激发雌性激素分泌，维持内分泌系统平衡，使女性拥有曲线玲珑的身段，细腻润泽的皮肤和完美的性生活。

卵巢功能降低对女性造成的影响

1.皮肤方面：

皮肤干燥衰老、暗淡无光、产生皱纹，皮脂腺分泌旺盛，导致毛孔粗大、产生暗疮。

2.身体方面：

脂肪堆积，造成局部肥胖、身材臃肿，胸部脂肪流向背部、手臂，乳房下垂。

妈咪美丽随身
瑜伽4式

Meilipian

美丽篇

忙里偷闲，随时运动；
　　优雅气质，随身展现

- 卧鱼上升式
- 卧鱼扣手式
- "S"展胸式
- 半立伸展式

新妈咪注意点 >>

　　产后的妈妈们比起以前多了一份丰韵，举止中透露着成熟的优雅，身材也比以前更加丰满，都说"S"形的女人最美丽，下面的这几个动作，就是让美妈妈们随时随地都可以练习的美丽随身式，简单的坐姿，简单的扭转，简单的站立都蕴藏着一种美的体现，都运行着一种健身的理念，让随身式练习成为一种习惯，让我们在扭转和伸展中塑造更加曲线毕露的身形吧！

令人期待的效果公开 >>

- 通过练习，修复全身肌肉，协调全身肌肉平衡，拉伸全身线条。
- 强化脊椎和颈部，增强身体的协调感。

1.卧鱼上升式

①一条腿在上，另一条腿在下，双腿上下重叠卧鱼式盘坐。

②吸气，手臂向上，双手于头顶相合，呼气，手臂伸直，感觉腋下完全打开，保持气息通畅。

> **小叮咛**：在床上、沙发上、地面上，只要有机会就可以进行卧鱼式盘坐，它对您双腿的血液循环有很好的帮助，每次可以左右交换上下盘坐，直到感觉腿部有点麻了，再收腿向前伸直活动一下。

2.卧鱼扣手式

① 卧鱼坐姿盘好，将左手放在右腿膝窝处。

②右腿在上，上身向右尽量转动，右手从身体背后绕过去，尽量与左手相扣，眼睛看向正前方，保持5～8秒。

③双手打开，上身回正，换腿做另一侧。

> **小叮咛**：手扣不到没关系，上身尽量扭转向后就可以。
> **功　效**：这个体式能按摩您的内脏，为您的脊椎注入新鲜的血液和能量，让您保持放松的心态。

3."S"展胸式

①身体立直，略微弯曲双膝，展胸塌腰，收紧腹部。

②臀部向上翘起，双手扶臀，尽量收紧肩胛骨。充分延展背部肌肉，眼睛向下看出。

> 小叮咛：经常做这个体式，您会发现您从心里开始喜欢上自己，也更关注自己了。

妈妈宝宝育儿经　怎样培养出一个聪明的宝宝

培养出一个聪明的宝宝，是爸爸妈妈共同的心愿，据科学研究表明，成人的脑细胞约有140亿个，而脑细胞的增长和分化在宝宝出生前后的速度是最快的，到了婴儿期，宝宝的脑细胞已经形成到成人数量的80%，因此，在这时有意识地引导和刺激宝宝脑部的发育，可是关系到宝宝一生的智力水平呢。

首先要注意保证营养，多给宝宝吃鱼类、乳制品、豆制品等，还要尽可能让宝宝吃五谷杂粮，培养宝宝不挑食、不偏食的好习惯。其次要保证宝宝充足的睡眠。最后，要给宝宝一个良好的家庭环境，其实，妈妈和爸爸之间的和睦也对宝宝的大脑发育有很大的好处哦，有助于培养宝宝良好的性格。

4.半立伸展式

①身体自然站立，双臂尽量上升，完全舒展腋下。

②脚跟抬起，展胸，伸展腰部两侧肌肉，同时收紧提臀，保持10～15秒。

③吐气，脚跟落下，可以多练几次。

瑜伽课堂

做个"睡美人"

常言说"爱吃的女人容易老，爱睡的女人美到老"。睡得好，一天的心情都充满阳光，整个人也会充满活力，感到全身能量充足。怎样才能睡一个好觉，是美妈妈最为关心的事。坚持每天做下面的瑜伽套餐，大约半个月，你的睡眠一定有很好的改善。

一、床上睡前体式操

（时间为20分钟，睡前一个小时练习）

1. 八字下压式

八字下压，疏通筋骨，缓解腿部、背部紧张，消除白天因站立时间过长而造成的腿部肌肉酸痛，增强脊椎血液流通，放松身体。

2. 犁式

减轻腿部重量，放松脑神经，净化自己的思维，减轻外界压力，使你专注于自己的身体，抚平急躁的情绪。

3. 小桥式

舒展胸、肩、腹，按摩胸部经络，调

理胸部气息。释放紧张的情绪，给身体带入正面的气息。

二、睡前呼吸练习

（时间为10分钟，睡前半个小时进行）

1.冥想呼吸

放弃一切杂念，闭目冥想，以鼻观心，心观呼吸的简单方式放松自己的脑神经，尽量保持腹式呼吸，气息保持均匀细长。放松眉心、面颊、喉咙、肩膀，自然伸展后背。

2.完全放松式

平躺在床上，放松每一块肌肉、骨骼。心无杂念，同时在心中默念：放松放松……脚趾放松，脚心放松，小腿放松……一直到头顶放松。让身体自然进入梦乡。呼吸疗法可以使交感神经和副交感神经之间达到良好的平衡。

三、睡前喝一杯热牛奶或一杯温开水

睡前40分钟可喝一杯热牛奶或温开水，有镇静催眠的作用。睡前洗个热水澡，也是帮助睡眠的好方法。

四、睡前灯光

睡前灯光也很重要，灯光可以调理人的情绪，营造睡眠环境。建议睡前把所有的灯都关掉，只保留一个壁灯或台灯，灯光最好为暖黄色。

五、睡前不吃甜食

甜食容易让人兴奋，睡前最好不要吃点心、巧克力，喝饮料。可以喝一点红酒或白粥起到暖胃、暖身的作用。

六、睡姿与呼吸

睡姿尽量保持体式的舒展，不要压制胸部或过于含胸。最好用左鼻呼吸去感受呼吸的起伏，聆听内心的声音，放松脑神经，放松肩胛骨，放松腰、背，让自己处于休眠状态。

关注生活从睡眠开始，跟上瑜伽的脚步，睡美人就是这样炼成的，一起来启动你的健康快乐生活吧！

消除腰痛
瑜伽 4 式

- 罐头开启式
- 罐头前伸式
- 腰部放松扭转式
- 犁式

Meilipian

美丽篇

告别腰痛，
轻松做个美女人

新妈咪注意点　》》

让腰部舒服起来

每位产妇都会有腰痛的疼苦，腰痛产生的因素有很多，一般是因为在日常生活体态不正确，力量长时间集中在腰椎上，使腰部没有得到充分的休息，过度疲劳所造成的；还有就是体重增加过多，超出了腰部的承受力。

练习一些腰部放松的体式，缓解这个区域的僵硬。解决办法一是日常生活时，重心尽量放在腿上或脚面上，不要全部放在腰部；还有就是睡觉或运动时在腰处放一块柔软的毛巾。

令人期待的效果公开　》》

- 放松腰部肌肉，缓解疼痛。
- 强化脊椎和颈部，增强身体的协调感。

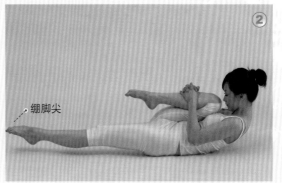

绷脚尖

贴地

1.罐头开启式

①身体平躺于地面上，弯曲双膝，膝盖尽量贴近胸部，双手手心向上放在身体两侧。

②吸气起上身，鼻尖去找膝盖，保持均匀呼吸，多停留一会儿，坚持15～20秒。

③吐气，上身放松落下，重复3～6次。

> 功 效：补养和加强腹部力量，缓解后腰的酸痛感。

2.罐头前伸式

①身体平躺，两腿伸直，吸气同时弯曲右膝，膝盖贴胸部，呼气，让两肺叶尽量把气息排出。

②再次吸气起上身，鼻尖找膝盖，左腿与地面保持一定的距离，保持自然呼吸，坚持15秒左右。

③吐气，放松落下上身和双腿，反方向换另一条腿练习，两腿交替可做5～6次。

3.腰部放松扭转式

①身体平躺于地面，放松头部和颈部，双手扶在尾骨处，弯曲双膝，大腿向胸腹部靠拢，小腿脚尖绷好，与地面垂直。

②双手转而扶于腰部，用手臂的力量托起上半身，使其完全离开地面，背部呈一直线与地面垂直，大腿部分上抬至平行于地面，双膝弯曲呈90°。

> 小叮咛：1.扭转过程中保持自然呼吸，扭转动作不要太快，以免对腰部造成伤害。2.双腿在扭转中要一直并拢。
>
> 功 效：这个练习对背部、腰部有很好的按摩效果。

③用腰部的力量带动双膝沿逆时针方向在空中画圈，保持脚尖的并拢和绷直。颈部要放松。

小叮咛：不要强迫做这个体式，初学者可在身后放一张椅子。这个体式有助于治疗背痛、腰痛，消除腹部的疲劳，还有助于消除这个区域的压力，带动这个区域的血液循环。

4.犁式

①身体呈仰卧状，两手放于身体两侧，手背向上，手心向下扶在地面上，双腿并拢，吸气，腿部并拢向上抬起，与地面垂直，脚尖绷好。

②呼气，将两腿向后，直到双脚伸过头顶，脚尖尽量点到地面。双手扶腰，稳定身体，保持10～15秒，缓慢而有规律地呼吸。

Easy Do!

完成有困难的妈妈们还可以这样做。

瑜伽课堂

远离抑郁症，做个快乐好妈咪

你"抑郁"了吗?

正常人也会抑郁

一般正常的人都会遇到自己的"抑郁"周期，这时我们的心情变得压抑、情感淡漠、孤独、害羞、注意力难以集中，对生活缺乏激情，这都是轻微抑郁症的表现。通常这些异常的现象出现2~4天时间，就会自动消失。而比较严重的抑郁症则会发展到自暴自弃、对身边的人充满敌意、伤人骂人、焦虑、恐惧、易怒、怕见生人、以自我为中心等。

产后抑郁成因

产后美妈妈们很容易产生抑郁症，主要原因无外乎以下几点。

一是因为分娩前后的紧张和由于分娩带来的疼痛与不适，造成妈咪们感到紧张与恐惧，导致身体和心理不平衡。

二是因为角色转换。由美女变成美妈咪，很多人心理准备不足，感到一切从头来，于是便手忙脚乱，常常感到情绪急躁，无法控制。

三是因为生理变化。孕妇在怀孕期间，体内的孕激素和雌性激素水平很高，一旦分娩完毕，这两种激素水平就会急剧下降，造成内分泌紊乱而导致心情抑郁。

四是因为体力透支。每天照顾小宝

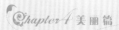

宝，睡眠自然不好，妈妈们的生物钟容易出现紊乱，从而诱发产后抑郁。

美妈妈们，如果你了解了抑郁的原因，解决它还是比较容易的。

第一要对生活充满信心。把生活中的每一件小事大事都当成学习的过程，乐于去接受平凡、单调、重复的生活。从心里喜欢去做家务，带着笑容，带着歌声去做，让内心充满快乐。

二是安排好自己和宝宝的起居生活，每天定时定点做一两件自己想做的事，比如习练瑜伽。要锻炼自己的意志，感受意志坚定带来的内在自信，每天都有一种成就感。

三是学会交流。如果你的性格比较内向，现在就要做一个外向性格的人。每天最少跟外界打一两个电话，电话内容不要来回聊家务事。和不同的亲人、朋友、同事交流最新的信息，目的是转换自己的情绪，接受家庭以外的信息。

四是尽量把家里变得更温馨、更清洁。不要到处都看到尿片、奶瓶，影响自己的视觉情绪。

五是满月后每天必须出去晒太阳或散散步，不能24小时待在家里。做好这几点就可以帮助你顺利度过抑郁期。远离抑郁，全靠自己。快乐心情来源于情绪，放松压力就能换来美丽。

瑜伽课堂

快乐靠自己，学会自助快乐好方法

学会自助快乐好方法

运动提升情绪

参加运动有最明显的提升情绪的作用。如果有条件，最好到专业的场馆，练练高温瑜伽或者健身操，在跑步机上跑步也是种不错的方法。每次运动最好能出汗，出汗能有效地释放你的情绪，帮你达到阳光心情，每周最好进行3次专业课程。

增进快乐的食物

香蕉含生物碱，可以振奋精神和提高信心，减少抑郁。南瓜含有维生素B_6和铁元素，能够帮助身体释放所存血糖，为脑部供能。全麦面包含硒等矿物质，能有效提升情绪。柚子中维生素C的含量很高，而维生素C是制造多巴胺、肾上腺素的重要成分。

慷慨助人

帮助他人做点好事，让情绪得到转移，获得一种愉悦的成就感。比如去做志愿者或去养老院看望老人，去孤儿院看望孤儿，在帮助他人的过程中，自己的内心会感到十分的愉悦，与人分享才能体会真正的快乐。

美丽提升自信

打理自己的外表，外表是自我的一部分，靓丽的外形能为你的自信加分，做做美容，化个漂亮的妆，做个漂亮的发型，买几件漂亮衣服都能让你更加快乐。

结束语

　　今天我就要把稿件全部交给编辑了，心里依依不舍的，好像要护送一个还不成熟的孩子远行一样，内心牵挂，老感觉还有一些内容没写，还有一些体式讲得不够透彻。温柔的编辑孟辰催我早点交稿，充满激情的何社长关心问候，我有了紧张感，原答应他们半年两本书，一本为美丽的新妈妈们写的瑜伽，另一本是为塑造身材的美女们写的减肥瑜伽，现在什么都在讲提速，我也应该提提速了，别因为我的缓慢速度影响了她们小组的工作进程。何社长答应我每年都可以给这本书增加内容，他的话给我吃了一颗定心丸，让我觉得轻松了许多。产妇瑜伽这本书和以往我出的书不一样，它需要更多的人参与，像一个传递的火炬，传递人们的真实训练感受和收获。把您训练的体会和认知告诉我，我再通过书的形式告诉更多的人，让这本书更真实更实用，让我们一起传递这种无形的爱，共同享受这段难忘的瑜伽生活。

　　您可以用以下任何形式跟我联系，您的困惑、感受、收获都可以告诉我，我会尽我所能来帮助您。

网址：www.kewen.com

Email:kewenyujia2006@126.com

我的博客：http://blog.sina.com.cn/kewenyoga

场馆电话：北京科雯瑜伽会所（总部）

　　　　　010-62239967

　　人的一生中总有数不完的人在默默地支持你，帮助你，指点你，光环照不到他们身上，却留在我心里……

跟儿子在一起是我一天中最放松、最幸福的时光。谢谢儿子一直默默地支持我的工作和事业！

分享宝贵心得　绽放智慧光芒

感谢您购买我们的图书，欢迎您参加广西科学技术出版社书友会。

知识改变命运，读书改变生活！在这里，你可以找到送给自己、朋友、家人最宝贵、最美好的人生礼物。

参加方式

非常简单，填写会员登记表（下一面），邮寄、传真或发E-mail给我们即可。（会员登记表及图书目录，**请登录我社网站查询**）

会员权利

- 登记以后，将会收到会员确认信，成为终身会员
- 不定期收到新书简介
- 不定期参加各种书友联谊活动
- 参加图书书评甄选活动，每月优秀作品者可选择获赠我社其他热销图书一本（选择书目通过电子邮件发送）
- 直购我社图书，**请登录当当网**（http://www.dangdang.com），或者卓越网（http://www.amazon.cn），累计到一定金额（300元以上）时，可将当当网或卓越网的送书凭单邮寄到我社，年底将获赠小礼品

会员义务

- 遵守国家相关法律法规
- 填写的会员资料必须真实有效

＊ 直购图书仅限我社美丽生活书友会图书目录
＊ 美丽生活书友会活动解释权归广西科学技术出版社北京出版中心生活编辑室所有

广西科学技术出版社书友会联系方式

邮政地址：北京市朝阳区建国路88号SOHO现代城1号楼2705室
　　　　　广西科学技术出版社北京出版中心生活编辑室
邮政编码：100022
网　　址：http://www.gxkjs.com
邮　　箱：gxkjs@yahoo.com.cn
书友会热线：010-85893722　010-85894367（传真）
联 系 人：孟辰　蒋伟

广西科学技术出版社书友会
会 员 登 记 表

姓　　名：＿＿＿＿＿＿＿＿性　　别：＿＿＿＿＿＿＿年　　龄：＿＿＿＿＿＿＿＿

通信地址：＿＿＿＿＿＿＿＿＿＿＿＿＿＿＿＿＿＿＿＿＿＿＿＿＿＿＿＿＿＿

邮　　编：＿＿＿＿＿＿＿＿＿＿＿＿＿＿＿＿＿＿＿＿＿＿＿＿＿＿＿＿＿＿

E-mail：＿＿＿＿＿＿＿＿＿＿＿＿＿＿＿＿＿＿＿＿＿＿＿＿＿＿＿＿＿＿

电　　话：＿＿＿＿＿＿＿＿＿＿＿＿＿＿＿＿＿＿＿＿＿＿＿＿＿＿＿＿＿＿

教育程度：□高中及以下　　□大专　　□本科　　□研究生　　□博士及以上

职　　业：□学生 □教师 □公务员 □军人 □金融业 □制造业 □IT业
　　　　　□新闻出版业 □服务业 □贸易业 □其他

★　您购买的图书名称（准确书名）

★　您在哪一家书店购买的（请写明具体省市地区名称）

★　您对本书的封面设计有什么意见和建议

★　您对本书的内容有什么意见和建议

★　您是否愿意参加图书书评甄选活动，每月优秀作品者可选择获赠我社其他热销图书
　　一本（选择书目通过电子邮件发送）

★　您还希望我们出版哪一方面的图书

李慧 陈珂

凭此书，可享受免费体验瑜伽
课程1次以及**100**元的办卡优惠
010-62239967

（限北京）

致谢

科雯瑜伽，让女人更完美

科雯瑜伽把古老而智慧的瑜伽融进了芭蕾的优美和中国古典舞的典雅，在缓缓的、静静的、优雅的运动之中，慢慢地感受着自己生命的变化，身体的变化，容颜的变化，心灵的变化，精神的变化……

科雯瑜伽

训练步骤

□ 第一步是调理 　　□ 第二步是排毒 　　□ 第三步是减肥 　　□ 第四步是平衡美感的综合训练

训练效果

□ 练习8次，可以缓解失眠。

□ 练习12次，可以消除头、颈、肩的紧张。

□ 练习20次，可以减轻便秘现象。

□ 练习30次，你的身体和腰腹会感觉有明显的收紧。

□ 练习60次，你的判断力、执行力和综合能力会明显增强，你会身心快乐，给人美感。

□ 如果一直坚持练习，你就会保持轻盈健康的身材，精神会变得高洁，容貌会变得美丽。

训练时间

最好连续有规律，一般每星期2~3次。

注意事项

□ 饮食会影响人们的心理和性格，因此要达到最佳效果，瑜伽在饮食方面应该以清淡为主，摄入蔬果类食物与肉类食物合理的比例应为3：1。

□ 要尽量避免刺激性强的食物，忌过冷、过热、辛辣、油炸、腌制和含防腐剂的食品和甜食。

□ 在练习前3小时不进正餐，一个半小时前可喝一杯蜂蜜，半小时前不大量饮水。

□ 练习结束一刻钟至半小时后，最好喝一杯维生素含量丰富的果汁或纯净水，帮助补充水分，排除毒素。

□ 训练在垫子上进行，不穿鞋袜，穿棉质健身服，一定要保持空气流通。

□ 训练结束后40分钟可以淋浴，60分钟以后才可以进食。

科雯瑜伽　女人瑜伽

美丽是一种态度，优雅是一种生活，宽容是一种心态

爱是一种传递，美丽人生从瑜伽开始

科雯瑜伽与国际瑜伽研究院强强联合　　中国瑜伽教练培训基地　　科雯瑜伽现为北京大学东方优雅女性高级研修班指定瑜伽训练基地

北京苏芬妮妮健身形象设计中心　　　　http://www.kewen.com.cn

北京总部电话：010-62239967　　科雯瑜伽博客：blog.sina.com.cn/kewenyoga

科雯瑜伽
KEWEN YOGA